Smart 投資半導體

掌握半導體生態系一本通，
材料、IC設計、設備股完美分析！

현명한 반도체 투자

소재·설계·장비주 완벽 분석!

禹皇帝 著

陳家怡、林志英 譯

解。雖然著重於解析重要的技術與產業的變化，但我盡力以平易近人的文字幫助讀者理解。因為不管書裡的內容再怎麼重要，如果讀者看不懂，文章價值就會大打折扣。不過也必須要先向讀者強調，由於書本有字數的限制，再加上半導體產業是非常專業的領域，並不是所有概念都能用最簡單的方式說明，所以書中還是會有一些比較艱澀的內容穿插在幾個章節當中。反之，也有些專業科學知識，是以簡單的方式描述呈現。我相信，有些專家可能無法認同這樣的描述方式，在這裡，也要先請各位先進多多包涵。

半導體是支撐韓國的核心產業，是在股市占有很大比重的龐大產業。正因為具有這樣的影響力，對於重視企業價值的投資者來說，這個領域也帶來了不少的投資機會。然而，因為產業本身偏專業，再加上一些不正確的資訊誤導，導致許多投資者不願輕易投資半導體業，在我看來，非常可惜。我誠摯希望能透過這本書消除這些阻礙。

部落格、YouTube 和講座比較不受限制，可以隨心所欲地分享最新半導體產業動態以及上市公司的故事，但書籍需考量時效性的特性，有些主題就不太適合放進書裡。我花了很多時間去思考，哪些內容適合寫進書本裡、不會被時間淘汰，而這也是寫作過程中最難的地方。也因為這樣，書裡的內容與部落格或是講座上分享的主題幾乎完全不同。雖然能透過書本分享一些不同以往的全新內容，但畢竟投資領域日新月異，沒辦法將隨手參考的企業與產業資訊寫進書裡，也是一大遺憾。不過這個部分，我會持續在部落格補充相關文章給讀者們。希望這本書能成為一本

長期關注半導體產業的實用的參考書。

在這裡，我想感謝主動向我提議出版書籍、讓我在寫作的過程中自由發揮的 iremedia。也要向長期支持我的部落格讀者們致謝，感謝你們的鼓勵與愛護。雖然沒有辦法一一回覆留言，但每一則留言我都有看，再次感謝大家的支持。同時，也要感謝喜歡我部落格半導體產業與各種投資內容的投資部落客——好朋友、Seungdori、Peter K、賢真讚，謝謝你們一直以來的鼓勵。

還有，在學習半導體的路上，陪伴在我身邊的延世大學電機電子工程學系金亨俊教授，謝謝教授從不間斷的支持與愛護。有了教授的建議，讓我能深入學習如何建構知識體系，而不僅僅只是知識的累積。還有在寫這本書的過程中，與我同甘共苦、為我分享許多寶貴建議與知識的延世大學電機電子工程奈米元件研究室（NDL）成員，以及三星電子、SK 海力士等業界同仁，非常感謝各位的大力協助。此外，還要感謝大學生聯合價值投資社團 SURI 的團員們，還有帶領社團不斷成長的元老級創團成員。正因為能一起鑽研投資、歷經各種彎路與挫折，才能讓我有這麼多寶貴經驗與讀者分享。

目錄

CHAPTER 1

爲何半導體股票非買不可？

CHAPTER 2

投資半導體的第一步，從了解半導體開始！

CHAPTER 3

不懂記憶體半導體，就不能買股票

CHAPTER 4

另一種選擇，非記憶體半導體

CHAPTER 5

開始企業分析──了解半導體企業的類型與無晶圓廠公司

CHAPTER 9

前端製程的開始，
晶圓製程與氧化製程

CHAPTER 10

唯有絕對強者才能生存的領域，
微影製程

CHAPTER 11

又克服了另一個難關！沉積製
程與蝕刻製程

CHAPTER 12

半導體製程中的
金屬佈線與晶圓級測試

CHAPTER 13

需要更深入了解的製程，半導
體材料技術

CHAPTER 14

後端製程的起點，封裝製程

CHAPTER 15

深入了解後端製程，測試製程

CHAPTER 16

在投資半導體產業之前

半導體產業，
是帶來投資機會的一份大禮

　　只要是韓國人，應該都知道「韓國的重要經濟支柱」，就是半導體產業。在各大媒體接連報導的第四次工業革命時代中，半導體在未來技術方面扮演著至關重要的角色。然而，對於不曾實際接觸過半導體領域的人來說，「半導體」是很難以理解的觀念深植人心。我認為，這是因為在韓國，幾乎找不到為一般民眾撰寫的科學技術領域入門書籍。我們不像美國，走進書店就能找到卡爾・薩根（Carl Edward Sagan）寫的這麼棒的一般科學領域入門書。也不像

日本，經常出版像是奈米生物等新技術領域的入門袖珍書。

　　也因此，當我聽說我的學生禹皇帝博士正在寫一本針對大眾的技術入門書時，十分樂見且由衷地鼓勵他（雖然目的是為了教大家如何投資）。而現在，這本書終於誕生，努力的成果出現在我的眼前。我很清楚要在百忙之中自我充實、蒐集資料並寫出這麼一本書，是一件多不容易的事情。就連我自己都還不曾正式出版過書籍，因此當學生請我幫忙寫推薦序時，心裡還有些遲疑。不過，過去二十多年來，我曾在半導體的中心——美國的半導體業，以及韓國的大學進行研究與授課，我想自己應該還是有些資格，因此最後決定答應這次推薦序的邀約。

　　隨著半導體技術的發展，每一年都有性能升級的 CPU以及容量更大的 SSD 不斷問世。雖然產品外觀看上去大同小異，但肉眼看不見的地方充斥著無法一語道盡的技術變化。三十多年來，只存在於論文和理論當中的技術，經過漫長的商用化之後，才終於正式投入晶片製造過程，學生時代只可能在元素週期表出現的稀有元素，也逐漸成為晶片裡的核心材料。正如本書所提到的，這些變化對於從事相關產業的企業產生了重大影響，不少企業因此而獲利，又或是因此而成長。

　　從產業發展早期，韓國半導體產業就十分依賴進口設備與原料，所以，一直存在難以跨越的技術壁壘，特別是在半導體製程領域。就好比知名主廚的私房牛排配方，蘊藏著積累多年的研究與大師級的手藝一樣，必須利用先進設備製作數百種製程配方的半導體製程，其中存在的技術

知識壁壘高得驚人。而這些辛苦累積而來的製程技術，要偷偷不來，也難以被其他人偷走。

有不少人都認為在韓國國內，三星電子和 SK 海力士（SK hynix）是最具代表性的半導體整合元件製造商。但在美國的半導體業界，除了英特爾（Intel）、輝達（NVDIA）、美光（MICRON）等知名半導體元件企業之外，應用材料（Applied Materials）、科林研發（Lam Research Corporation）、科磊（KLA Corporation）等設備材料公司也同樣不容忽視。隨著最近半導體產業「材零設（材料、零件、設備）國產化」呼聲高漲，整合元件製造商以外的其他衍生領域，也呈現成長趨勢，是個非常令人欣喜的變化。基於這樣的趨勢，我認為在不久的將來，韓國國內半導體產業將出現多家能與三星電子、SK 海力士平起平坐的材料、零件、設備商。

二十多年來，我與扛起韓國半導體產業的多家企業持續進行研究，在第一線親眼見證了晶片裡大大小小的變化。也因此想特別強調，影響著各大企業發展的諸多變化並不為世人所知，但卻已在不知不覺中成為現實。如果有人能花點時間說明這些變化的來龍去脈，那我相信，我們必能獲得與這些企業一同成長的機會。

我們已經進入了低利時代，愈來愈多人認為「投資」是一件必不可少的事。有不少人開始在股票、房地產、加密貨幣等各領域投資，但我認為，在投資前先做過功課的人應該不多。我年輕時也非常熱衷於投資，在學校教書時，每次為學生說明摩爾定律（Moore's Law），總不忘提到愛因

斯坦那句話——「複利是人類最偉大的發明」。我甚至希望學生們及早開始投資，若能把買咖啡的錢省下來買股票，就更好了。

然而，要在這麼龐大的資料裡，尋找真正有用的高科技業投資情報，其實並非易事。禹皇帝博士的這本《Smart 投資半導體》是他親自進行各種半導體研究，經過漫長的企業分析之後，一點一滴整理出來的精華。我相信對半導體投資人來說，這本書會是非常棒的指引。我從事研究與教育工作超過二十年，接觸產業資訊的機會不在少數，但不得不說，我在這本書當中學到了許多其他地方學不到的新知識。

《Smart 投資半導體》是為半導體投資人而寫的入門書，但也非常適合對半導體有興趣的一般讀者與學生族群閱讀。這本書除了半導體的基本原理之外，還包含製造程序、材料製程技術等各種半導體相關知識，以及今後將備受關注的尖端新材料，涵蓋了整個高科技的產業面。此外，還同時緊扣相關企業的投資說明，帶領讀者深入掌握投資方向。

教書數十年，我也經常遇到電子工程系的學生連半導體的基本概念都不懂的情形。比方說，有些來找我面談的學生，會看到近期市場動向跟我說「聽說半導體已經是夕陽產業了」，並表示希望能將主修轉換成面板或太陽能電池。書裡第四章有一個段落是「LED 也是一種非記憶體半導體」，這是我經常跟學生強調的內容，看到這樣的概念

寫進書裡，我深感欣慰。

　　我也相信，不管是包含半導體產業在內的高科技與材料產業的投資人，還是想掌握半導體基本知識的讀者，這本書都會是一份可遇不可求的禮物。

　　　　　　　　　延世大學電機電子工程學系教授　金亨俊

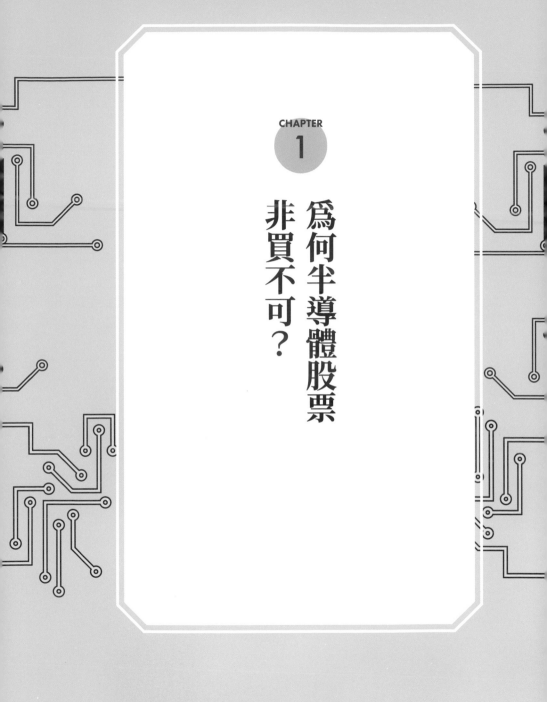

CHAPTER
1

為何半導體股票
非買不可？

**Investment
in semiconductors**

半導體產業
真的能帶來持續性收益嗎？

為什麼三星電子會成為人手一支的股票？

　　人們投資的企業股價若要持續上漲，企業就必須賺進更多的錢。但不管賺進再多的錢，如果營收成長停滯，不僅企業的資本效率會下滑，市場也會失去對這家企業未來增長的信心，所以，股價也會愈來愈難上漲（實際上，股價不跌已經是萬幸了！）。相反地，如果是營收持續增長、長期拿出漂亮成績單的企業，股價也會持續穩定上漲，帶給投資人更多的資本利得。當一家企業的利潤快速增長，就會被冠上成長型股票的頭銜。如果利潤長期持續增加，就會被認為是適合長期投資的企業。

　　韓國半導體產業的特性是會在短期內出現利潤時增時減的週期性變化。但把時間拉長到十年以上來看，股價前低點和股價前高點都在持續墊高，同時出現長期向上的趨勢。這是很難在其他產業觀察到的產業特色。一般來說，景氣循環型產業的利潤，會出現反覆增減的現象，不過當下一次上升循環出現時，利潤成長的幅度往往無法明顯超

越先前的水準。再加上利潤減少的週期可能超過十年或更長時間，企業長期得不到關注的情況非常普遍。實際上，僅僅過去二十年裡，有非常多帶動韓國經濟成長的景氣循環型產業在創造出產業榮景之後跌落谷底，然後再也無法回到全盛時期。然而，半導體產業在短短五年週期內，不斷反覆收益增減的過程。但從長期來看，其規模呈現爆炸式成長，股價自然會出現長期上漲走勢。三星電子公認為是支適合長期投資的好股票，甚至成為韓國國民股的原因就在於，背後隱藏著半導體產業向上的趨勢。

正因長期維持成長趨勢，半導體才能贏過其他產業，理所當然地成為韓國最具代表性的產業。二〇二〇年，韓國出口到海外最多的產品是半導體。[1] 半導體在出口市場占20% 左右的規模，支撐著韓國的出口經濟。

高速成長的半導體產業，能持續蓬勃發展嗎？

在韓國股市當中，半導體產業的地位舉足輕重。屬於半導體產業的上市企業家數也超過 120 家，單看企業家數的話，在整體上市企業雖然只占 5% 左右，市值占比卻超過 25%。而這當中當然有不少企業，是因為半導體產業的成長進而帶動股價的上漲。就算不投資半導體產業，依然有其他方式能在韓國股票市場獲利。不過，如果是名列第一的產業，勢必會出現更多的機會。更不用提半導體直到

---

1 產業通商資源部，「2021 年 2 月進出口動向」，2021 年 3 月 1 日。

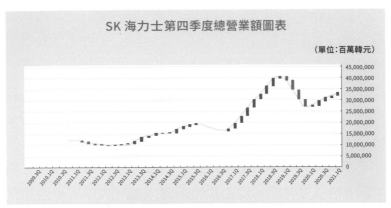

SK 海力士第四季度總營業額圖表

（單位：百萬韓元）

[圖表 1-1] SK 海力士第四季度總營業額圖表。可以明顯看出韓國半導體產業漲跌週期，以及長期向上的特點。

※ 第四季度總營業額為前三季度加上第四季度合計後繪製而成。

今日，依然是持續成長中的冠軍產業了。

到底市場需要多少半導體，才能如此暢銷；半導體到底有多重要，才能在整個產業占如此龐大的比重？更重要的是，如果現在開始投資半導體產業，也能夠把握產業帶來的機會嗎？

有人懷疑半導體產業是否能一直景氣暢旺，接下來差不多要開始走下坡了。隨著電腦開始普及，半導體的銷量也隨之增加。但電腦市場已經幾近飽和，讓許多人開始懷疑半導體的銷量是否還能持續成長。也有人指出，智慧型手機市場的成長，雖然再一次帶動了半導體的銷量，但隨著市場停滯，產品的銷售速度是否會因此放緩？再加上半導體原本就是不斷反覆成長與衰退的景氣循環型產業，一旦衝上循環的最高點、開始走下坡之後，就會開始有不少人認為「半導體產業應該差不多了」、「半導體已經失去投資優勢了」。讓

半導體投資難上加難的，景氣下行週期的循環，每隔幾年就會重複一次，讓人不禁開始懷疑半導體產業是否能夠長期穩定成長，以及是否可以穩定的長期投資。

實際上，曾因新都市供給政策與房地產市場的成長而營收大增的建築業，在韓國住宅市場成長趨緩後，開始面臨營收無法繼續成長的難關，股價也因此碰觸到天花板。因為景氣繁榮與中國需求增長，過去產多少就銷多少的鋼鐵業與化工業，現在都因為中國國內擴大產能、更多競爭對手搶進市場，以及全球經濟衰退等因素，整體營運狀況雖然還不算太差，卻也無法超越上一個週期的表現。浦項鋼鐵（POSCO）就是一例，過去雖然在亞洲鋼鐵生產占有一席之地，但隨著愈來愈多不亞於浦項鋼鐵的企業湧入中國，儼然已失去了原先的優勢。

這些產業如果不進軍新市場（比方說將版圖延伸到中東市場）或開發新事業領域（如蓄電池的多角化經營），就難以像過去一樣擴大自身規模。這也就代表，這些企業的股價幾乎不可能再創新高。因此，這類產業有不少公司的股價和獲利，主要取決於原材料價格波動、結構調整或供給減少、短期政策變數等因素，而非規模的擴張。部分產業被認為成長有限，人氣因此大不如前或長期遭到低估，市場的評價不高。

雖然半導體也和這些產業同屬於景氣循環型產業，但未來成長的潛力卻大不相同。不同於其他產業，隨著時間的流逝，半導體的進入門檻只會愈來愈高，不容易出現新的競爭者。再加上需求持續增加，讓半導體產業得以創造

更大的收益，股價自然就容易走強。即便供不應求和供過於求的情況會反覆發生，但從需求方面來看，隨著時代的發展，半導體的需求呈現爆炸性成長。然而回到供給面，由於技術門檻愈來愈高，能生產半導體的企業只會愈來愈少。相較於傳統產業，半導體產業的擴張與成長都更為明顯和明確。關於這一點，我們可以先從需求層面開始談起。（供給面將在之後慢慢與各位讀者分享）

半導體，與鋼鐵、建設大不同

　　許多人常說，我們已經生活在一個資訊化時代，而未來的社會將會被人工智慧給支配。「資訊化時代」或「人工智慧」這樣的說法，也只是用來說明社會現象的社會學用語。但再深入想想，就會發現這是用來展望半導體產業的兩大關鍵字。資訊化時代的擴張與即將到來的人工智慧市場成長，意味著不久後半導體市場的增長（三星電子半導體事業部明年度預期營收為⋯⋯這類預測無助於半導體產業的長期投資，我們根據趨勢的走向來分析還比較實在一些）。

　　首先，隨著資訊化時代腳步加速，我們的日常生活也出現了巨大的轉變。我們需要透過一些具體案例去思考，為什麼這樣的變化會帶動半導體的需求。把時間先拉回工業革命時代。十八世紀中葉，以詹姆斯・瓦特（James Watt）的蒸汽機為開端，農業社會走入歷史，正式被工業社會給取代。工業革命之所以被稱為「革命」，並不是單純因為蒸汽機的發達提升了棉織物的生產效率，而是讓整個

產業結構、社會結構、文化與政治，徹底改頭換面。始於輕工業的工業革命慢慢轉變為重化學工業等第二次工業革命，人類得以大量使用煤炭、石油、天然氣等能源，大城市與高樓大廈也成為了都市的表徵。世襲權力逐漸弱化，資本力量開始掌權，社會結構也出現了天翻地覆的變化。這樣的背景之下，成為民主主義得以根深柢固的契機，宗教的重要性也開始被科學超越。區區一個蒸汽機的發明，竟能帶來這麼巨大的改變。

在這個過程中，礦產、鋼鐵、鐵路、化學、建設產業，以及電力、物流，甚至是造船以及航空等中間財與資本財產業，便開始呈現爆發式成長。我們可以試想，像現代建設或浦項鋼鐵（POSCO）等大型建設企業或鋼鐵企業，在工業革命時代以前有沒有辦法成長到像現在的規模？答案是：絕對不可能。隨著工業革命快速擴張到重化工領域，相關產業中的企業股價也跟著飆升。如今，已經無法光靠定期投資鋼鐵或鐵路產業致富，但在這些產業大幅成長的那段時期，握有相關企業的股票超過十幾年的人，紛紛成為了有錢人。

雖然後面的章節也會提到，不過只要某個產業出現新技術，勢必會有一批企業獲利、一批企業受到打擊。但如果不單純只是發明新技術，而是引發了更深層次的變化，造成產業、文化和社會的遽變，那麼將會有非常多大型企業誕生、股市市值排名跟著洗牌，並出現非常多新興企業與有錢富翁。石油大王約翰‧洛克斐勒（John D. Rockefeller）、鐵路大亨康內留斯‧范德比爾特（Cornelius

Vanderbilt）、鋼鐵富豪安德魯‧卡內基（Andrew Carnegie）等人，都是在工業革命加速的過程中，成為新一代富豪的案例，而這些人僅僅是冰山的一角。現在當我們提到「全球首富」這幾個字，最先想到的會是比爾‧蓋茲（Bill Gates）或華倫‧巴菲特（Warren Buffett）。但工業革命當時誕生的富豪們所累積的資產，其實多到我們難以想像。實際上，洛克斐勒、范德比爾特和卡內基在去世之前持有的資產，都達到了美國 GDP 的 1% 左右（換算成現在的幣值，大約是巴菲特的三倍，也遠遠超過蓋茲的資產規模！）。

鋼鐵、鐵路、化學等上述產業的成長，讓工業革命滲透進人們的日常生活當中，帶領有關企業的股價大幅上漲。然而，當城市化進展逐漸告一段落，人口密度與增長到達頂峰，各大產業的擴張速度也開始放緩。但我們依然不能忘記，工業革命這個巨大變革，確實創造出極為驚人的財富。

工業革命發生還不到三百年，人類又再度面臨另一個變局——資訊科技（IT）技術與電腦的發達。也就是艾文‧托佛勒（Alvin Toffler）所說的，第三波浪潮。在過去的工業社會當中，勞動力與資本力可說是最重要的角色。大型工廠、大量生產、鐵路運輸等資本密集要素，就是財富與權力的象徵。然而，隨著資訊化時代的到來，資訊開始得以被無限複製，比他人更快透過製造或加工資訊並創造出收益的人，就是能夠掌握財富的人。過去，在王權時代僅能透過王權、在工業時代僅能透過資本力與投票才能握有權力。但進入資訊化時代之後，只要頻繁地在媒體曝光並掌

握影像製作技巧，就能發揮超越政治人物的影響力，握有權力甚至足以呼風喚雨。

工業社會時期，由於勞動力最為重要，家庭最大的義務就是繁衍更多的後代，因此孕育出以院子為中心，四周圍繞著許多房間的大房子。然而現在，即使只有三坪大的空間，每個人都還是能獲取同等的資訊。有些人不受資本與空間的限制，讓內容與資訊不斷推陳出新，藉此成為了新一代資本家。比起有一大片院子的工廠，一個人如果擁有各式各樣內容，以及能將這些內容媒體化的電腦，就能創造出更多不同的機會。與以往的社會結構和文化相比，這無疑是一個相當大的變化。巨大的變化帶來的是相應的投資機會，而這些機會，有時候也會成為舊有產業面臨的風險。

若說工業革命始於蒸汽機的發明，那資訊化時代的開端，便是網際網路與電腦的誕生。而網路與電腦，就是半導體的集合體。因為讓網路與電腦運作的大大小小零件，都是以半導體為基礎而製成。資訊化時代的擴張，伴隨著半導體產業的成長與進步。就像過去的蒸汽機一樣，半導體與技術、產業、社會結構和文化，可以說是牽一髮而動全身。當資訊化時代發展的速度愈快，不僅是網路與資訊服務產業，就連半導體產業也會跟著快速成長。

少了半導體，就無法運作的世界

早期的電腦，是為了能快速完成數學計算的需求而開發的計算機。但隨著半導體的誕生與集成，將電腦的性能

大幅提升至人們難以想像的水準,再加上與通訊技術相結合之後,現在已經是用不著花上一秒,就能傳輸大量數據到地球另一頭的時代。我們必須要認知,電腦的性能一年比一年提升,每年都能在市場上看到搭載全新功能的智慧型手機,從 4G LTE 通訊發展到 5G 通訊,這些變化的背後,其實都與半導體產業的成長息息相關。就如同工業革命進展過程中,鐵路和建設產業的股價一路飆升一樣,資訊化時代的微小變化,也將牽引著半導體產業的發展,帶動相關企業的股價一路往上走。

但只有網路和電腦是這樣嗎?想像一下,當世界少了汽車,我們該如何上下班呢?再想像一下,少了電腦和智慧型手機的世界,或想像無法上網的世界。我們的日常生活將會陷入癱瘓。那麼,少了泡麵和可樂的世界呢?又或者,少了公寓和高樓的世界呢?一想到少了這些事物,生活將失去快樂與安穩,就不禁讓人懷疑日子該怎麼過下去。還是說,少了化妝品的世界呢?在這個不分性別、人人使用化妝品的年代,要是沒有化妝品的存在,我想我們大概都不敢出門了。所以說,不難想像少了這些物品或服務的日子,我們該有多麼煎熬。

那如果說,生活中少了半導體呢?我想大部分的人應該很難立即產生共鳴。但讓人意想不到的是,如果生活中少了半導體,前面提到的汽車、電腦和智慧型手機、網路,甚至是可樂、化妝品、尖端建築等所有一切都將不存在,或是無法擁有現在的高水準。大部分的產品,都將退回數十年前的水平。因為在製造這些產品的時候,都少不了半

導體。雖然半導體不會直接出現在日常生活裡，卻遍布在所有的產業當中。它不斷地延伸至各個領域，最後幾乎成為了現代人生活中不可或缺的存在。這也是為什麼，半導體會被稱為「產業之米」。半導體無所不在，深入生活，並同步引領著其他產業的發展。

「資訊化時代」這個詞聽起來像是老生常談，從小聽到大，已經聽到無感了。但其實，資訊化時代已如江海般的浪潮，朝我們席捲而來。甚至可以說，進入大數據和人工智慧等第四次工業革命時代，資訊化時代的發展又更加蓬勃了。未來，半導體的需求仍將持續爆炸性成長。

我們再舉一個例子好了。微軟開發了 Windows 之後，就一直主導著桌上型電腦系統的市場。前不久將企業名稱改為 Meta Platforms 的臉書，也透過差異化的溝通方式掌控著整個社群平台市場，吸引超過 25 億名的用戶加入，並藉由谷歌搜尋引擎，成為全球規模最大的綜合資訊服務商。特斯拉則是全球第一家專門做電動車的企業，主導著電動車市場。從銷售圖書起家的亞馬遜，在成長為綜合電商企業之後，又再度一躍成為世界最大的雲端服務商。NAVER 以搜尋服務和知識家服務為基礎，成為韓國最大的入口網站。KAKAO 則藉由手機專用訊息 APP，成為一家綜合資訊服務商。這些企業都在不同的領域主攻不同的商務，但從二〇一〇年代起，他們都開始往同一個方向邁進。那就是數據和人工智慧。不同於企業剛創立的時候，現在他們必須盡可能蒐集消費者資料，並將其以大數據的型態儲存於資料庫當中，再以此為基礎，提供消費者新的服務，又或

是銷售、共享這些數據。在這個過程中，新的競爭格局也跟著出現了。究竟為什麼，他們會開始無法滿足於原先的事業版圖，並參與到這個必須蒐集更多消費者資料的競爭裡呢？

不僅僅是資訊化時代，在被稱為第四次工業革命時代的大數據與人工智慧時代中，掌握愈多實用資訊的人，就能擁有更多掌握權力、創造財富的機會。而這些技術，始於各種資料的累積與加工。我們可以簡單想成股市或房地產市場經常出現的內線交易問題。如果掌握別人不知道的第一手資訊並搶先買進，當然就能用更快的速度累積資本。未來我們的社會當中，會一直存在這種「搶先買」的現象。比他人更快獲取大量資料並進行加工的企業，就能比他人更快累積起資本。

但不只是企業。現在是只要握有他人手上沒有的資訊，就能馬上透過上傳 Youtube 影片輕鬆獲利的時代。這就是為什麼，在未來很長一段時間裡，人類的發展會與資訊的蒐集和再製環環相扣了。就像過去在工業革命時代，房子愈蓋愈高、鐵路愈鋪愈長一樣，隨著時代的變遷，人們開始將重點放在儲存更多的資訊、處理更多的數據。

而負責儲存數據、蒐集數據、加工數據，甚至透過大數據和人工智慧將數據變成資料庫的，都是半導體。如果說工業革命時代最重要的原材料是鋼鐵、石油、水泥的話，未來我們的世界，將可以用「半導體」三個字來概括。

我們再舉一個更平易近人的例子好了。一般人家中電腦的儲存裝置容量通常在 1 ～ 4 兆位元組（TB）左右。這

麼大的容量，即使隨手將檔案存進去，連續存個十年也不成問題。但如果換個角度想，可就不是這麼一回事了。

在自動駕駛時代，行駛在馬路上的車子會不斷蒐集道路環境數據，並進行加工之後儲存。每秒數據運算就超過100兆次，每天要儲存的容量就達到好幾 TB。[2] 也就是說，過去要花十年才能累積起來的數據量，現在在短短一天內，就必須完成生成、加工與儲存。而負責整個過程的，就是半導體晶片。透過上面這個例子就能感受到半導體的需求增長有多麼驚人，而這只不過是其中一個例子而已。

半導體產業的超級循環，正要開始

半導體產業，可以說是資訊化時代與第四次工業革命當中，最重要的產業。與過去的傳統產業相比，將呈現更爆發式的成長。當人類文明的發展必須仰賴半導體，半導體產業就會帶來更多機會，哪家企業能爭取到哪些機會，想必將形成激烈的競爭局面。而在這個過程當中，自然就會有更多的資金，流向半導體產業之中。投資者總是能循線「嗅」到錢聚集的地方。也許不見得每個投資者都會投資半導體的股票，但如果把半導體產業列入考慮，就能擁有比其他人更豐富的機會。

---

2 產業通商資源部，「2021 年 2 月進出口動向」，2021 年 3 月 1 日資訊通訊企畫評價院，週間技術動向，「最新 ICT 話題」，2019 年 5 月 8 日。

[圖 1-2] 自動駕駛等新產業，必定會使半導體使用量大幅增加。

　　過去十年間，全世界數據生成量增加了超過二十倍。而這個趨勢今後也會持續下去，未來十年預估至少將增加十倍以上。[3] 如果說過去十年的數據使用量增加，是源自於行動裝置市場與伺服器市場的擴張。那麼未來雲端、人工智慧、邊緣運算（edge computing，在數據生成的第一時間就近即時處理，而非傳輸至雲端等中央集中式數據中心的方式）、自動駕駛等各大領域，都會大幅提升數據的使用量。

　　如果說，過去我們停留在透過通訊技術將數據快速分散儲存於世界各地，未來將會加上推論、學習、對周邊環境的數據蒐集等因素，運算出難以估計的龐大新數據，快

---

3 Meritz Securities，「BusinessOn 138580，3Q20 分析：2021 年準備起飛」，2020
年 11 月 16 日財團法人 Daegu Technopark，「研究基於運用地區特化型大數據的建構
方案」，2014 年 8 月韓國經濟，「〈趙煥益專欄〉數據戰爭已經開始」，2018 年 1 月
17 日。

速的運算和低功耗資料處理，將會成為極為重要的變數。大量數據的儲存與運算，都將由半導體來主導。這也是為什麼我會說，半導體產業的超級循環，其實才正要開始。

想搞懂半導體產業投資，先從大趨勢下手

韓國國內屬於半導體產業的這些企業，很有可能依照下面這種成長方式描繪出成長曲線。當一座城市形成之後，高樓大廈接二連三出現。建設產業的成長不僅會帶動建商，也會帶動設計、鋼鐵、水泥、裝潢業者的成長。所以說，各式各樣的半導體企業，也都會在各自的領域當中，因為產業成長而獲利。

在這種情況之下，投資者有必要對半導體企業有更深層次的了解。韓國半導體產業的組成，主要可以分為以下幾種企業（其他國家也一樣！）。首先，主導著半導體產業發展的三星電子和 SK 海力士位居業界龍頭。其次是為上述這幾家企業提供製造晶片時需要的材料，比方說像是 SK Materials、 Soulbrain 等材料企業。再來是供給後續製程中需要的核心零件，像 HAESUNG DS、Leeno Industrial 等零件廠商。然後是提供各製程需要的設備的，像 WONIK IPS、PSK 等設備廠商，以及為工廠供給設備的 HANYANG ENG、UNISEM 等企業。三星電子和 SK 海力士等半導體如果做得有聲有色，將設備和材料銷往這些企業的相關企業也會非常吃香。

再深入其中會發現，這些韓國半導體領域的相關企業，

在產品與服務方面都有自己的強項。主要供給的產品或服務，也會因為不同的半導體生產和不同的製程而相異。但其實組成半導體產業的企業種類，比我們想像的還要更加複雜。除了全球最為知名的半導體企業「三星電子」和「SK 海力士」之外，還有在其他領域用自己的獨門技術生產晶片的 DB HiTek 和美格納半導體（MagnaChip）。此外，還有在三星電子和 SK 海力士的晶片生產製程中，負責部分作業的 OSAT（Outsourced Semiconductor Assembly and Test，委外封裝測試代工廠）廠商。撇開三星電子和 SK 海力士的半導體事業不談，其實還有自行開發半導體的濟州半導體和 Dongwoon Anatech 等 IC 設計公司（Fabless，在半導體製程當中專門負責設計與開發的企業），這些都會在後面的章節向讀者們娓娓道來。此外，還有為這些企業執行「特別任務」的 AD Technology 等 IC 設計企業（這當然也會在後面的章節探討！），以及比三星電子更依賴國外半導體業者的 Worldex 和 HANMI Semiconductor 等企業。最後，還有不直接提供製造晶片時需要的原材料，而是只提供清洗等服務的清潔企業，或是專門銷售部分晶片完成品的零售企業，以及專門做設備交易的設備專門銷售企業。

　　這些企業，只是韓國國內一百多家上市半導體企業裡面的一小部分。每家企業的業務範圍都不一樣，負責拉動半導體產業成長的產品種類也都各不相同，創造營收的方法和時期當然就有差異，或是存在著一定的特徵。再分得更細一些，當半導體產業不斷成長的時候，有些企業獲利驚人，有些則不然；也有些企業的營收跟產業的成長不成

正比，股價上漲的時期和幅度也都不盡相同。

　　因此，在投資半導體企業的時候，如果不把各家企業的特色考慮進去，就很有可能面臨投資失敗的風險。這是因為，每一間企業透過業務去創造營收的方式和時間點都不同，股價上漲的時機，以及當半導體產業來到上行循環時，企業的股價會上漲到什麼程度，都沒有一定的答案。過去在工業革命時期也是如此。

　　為了掌握各大企業的特色，必須了解企業的商業模式。為此，必須了解企業提供什麼樣的產品與服務。但在那之前，還必須要弄懂半導體到底是什麼，以及這個世界上到底存在哪些半導體。然而，雖然已經有不少人開始投資半導體，但我想絕大多數的人在買下股票之前，可能連半導體是什麼都一問三不知。更不用說是半導體的種類、各種晶片是如何設計、如何生產、透過什麼管道創造出收益的了。也就是說，很多人在連這家企業到底做什麼樣的生意、到底用什麼方式賺錢都還不清不楚的情況之下，就開始花錢投資。

　　光憑這一本書，要把整個半導體產業分析完畢是不可能的。但我希望能從半導體產業的概要開始著手，讓讀者至少能掌握半導體產業的整體趨勢與發展方向。其中除了半導體的定義與種類之外，也會探討各式各樣的企業在營運的過程中，是如何在堅守自己地位的同時，持續保有自身獨創性的。

從投資的觀點看半導體產業

全球 DRAM 市場由三星電子、SK 海力士、美光科技三巨頭瓜分

全世界各地的可樂市場，分別為可口可樂和百事可樂兩家企業均分。僅僅兩家企業就占有如此龐大的市場規模。但仔細想想，會發現少有其他案例像這兩家企業一樣，稱霸全球市場。就以曾經創下美國股市市值第一的埃克森美孚（Exxon Mobil）來說好了，當時在其他國家其實也有不少競爭對手，而這些公司都在全球市場上占有一席之地。光就白色家電和智慧型手機，目前在世界各地也有多家國際級 IT 企業正展開激烈競爭。零食和巧克力市場當然也不在話下。除了微軟的 Windows、3M 的生活用品等部分產品和服務之外，少數幾家企業占據整個市場的情況其實並不常見。但讓人意外的是，全球銷量最多的產品之一 —— DRAM（動態隨機存取記憶體）竟然由三家企業獨占市場。

以前在教半導體產業有關的課程時，每當問學生「全世界 DRAM 產量最多的企業是哪一家呢？」基本上，大家都會回答：「三星電子」。如果再接著問：「那排名第二

和第三的企業是哪幾家呢？」，就會聽到學生回答：「SK海力士和美光科技」。這時，如果我再問：「那第四名呢？」，整間教室就會陷入沉默。我想大概是因為很少有人會在意第四名是誰吧？

這個結果其實很正常。目前，三星電子、SK海力士和美光科技三家公司，在全球DRAM市場的占有率超過90%，幾乎可以說是壟斷了整個市場。雖然還有許多其他海外企業也都在做DRAM，但就連半導體業內人士，也很少有人能在第一時間回答出第四名是誰。DRAM半導體是全世界使用量最高的產品，卻僅僅由三家企業瓜分市場，是個十分讓人意想不到的現象。

在投資方面，獨占與壟斷，並不意味著一定能帶來高收益率。如果說壟斷象徵絕對的高收益率，那我們也不必大費周章地分析企業，只要找出哪些企業獨霸市場，然後直接進行籃子交易（basket trading，一次針對多種類型的股票進行大量買賣）就能創造收益。但即使這些獨占市場的高科技企業無法保障絕對的收益率，也絕對會比其他競爭激烈的企業帶來更多創造收益的機會。而且需要考量的競爭層面也不多，分析企業的過程會變得輕鬆許多。

值得留意的是，過去晶片製造商經歷一番激烈廝殺後，最後的贏家留下了非常高的技術競爭壁壘，這是當前DRAM壟斷結構形成的基礎。這三家企業透過技術實力鞏固了自身地位，並創造了驚人的收益。不管其他新企業再怎麼勇於挑戰，要在短時間內開發出這三家企業數十年間累積起來的技術，並在市場上站穩腳步，幾乎是不可能的

任務，最後很可能會在賺不到半毛錢的情況下，直接被市場淘汰。如果無法成功進軍市場，不僅過程的辛勤努力無法獲得世人的認可，更別提要轉讓經營權了；如果沒有任何讓其他公司覬覦的技術或專利，真的只能摸摸鼻子默默退出。

這種高技術門檻大大地降低了投資者對日後競爭風險的擔憂，產業的成長也意味著絕大多數的利益都將由三家企業均分。正因半導體有著「壟斷」的性質，才能成為為數不多、能輕鬆入門，並同時進行長期與週期性（cyclical）投資的領域。

而且半導體屬於需要大型設備的產業，每年都需要投入鉅額資本支出。實際上，巴菲特投資可口可樂的其中一個原因，就是因為食品業每年需要投入的設備投資規模比其他製造業來得小，與公司整體銷售額相比，折舊成本所占比重較低，從投資層面來看，相當具有優勢。相反地，三星電子每年投入的資本支出超過 10 兆韓元（約台幣 2354 億元），為了完善產品性能、拉開與競爭對手之間的差距，無論營收多寡，每年都必須投入一定規模以上的投資。因此，鉅額折舊成本，年都會在三星電子的財務報表上占相當高的比重。這就成了追求價值投資的投資人，感到頭痛的變數。

但換個角度想，正因為投入鉅額的資本支出，才有辦法維持超高入行門檻，讓其他企業不敢輕舉妄動。再舉個例子好了。LED 市場和太陽能市場也同樣需要投入大筆資本資出，雖然投資規模還不到非常驚人的程度，但依然會

有不少「誤判情勢」的競爭對手進入這個領域，實際上，也因為競爭過度激烈，讓許多企業累積了赤字。但半導體可就是另一回事了。以半導體產業當中，技術門檻還算低、競爭激烈的 NAND 快閃記憶體為例，每年需要的設備投資就達好幾兆韓元，不可能像太陽能市場一樣，競爭對手如雨後春筍般的出現。只要腦袋還算理智，就不可能輕易決定進入這個市場。光是與面板或蓄電池等其他類似的設備產業相比，就有相當大的一段落差了，更別說是需要擁有超高製造競爭力的半導體記憶體領域。

台積電（TSMC）曾在二○一九年與二○二○年投入高達 15 兆多韓元（150 億美元〔約台幣 3484 億元〕）的資本支出，二○二一年的資本支出更是高達 30 兆韓元（300.4 億美元〔台幣 8392 億元〕），到了二○二二年，這個數字再度攀升到了 52 兆韓元（編按：400 ～ 440 億美元〔台幣 1.2 兆〕，唯受半導體景氣下行影響，台積電於法說會上二度下修資本支出，從原來的 400 ～ 440 億美元下修到 360 億美元）。這個數值幾乎等同於韓國二○二○年的國防預算，更是遠遠高於二○二○年北韓的 GDP。

許多人投資半導體產業失敗的原因

為什麼投資半導體時，股價總是下跌？

　　一直到不久之前，半導體產業對於不少投資者來說，沒有什麼投資吸引力，且投資困難度高。現在依然有非常多投資者對半導體產業抱持著負面想法，尤其像是韓國企業主導的記憶體股價漲跌幅度大，股價走勢呈現明顯的高低點。因此，在股價即將來到最高點時，才「慢半拍」投資半導體的投資者，就會摔得鼻青臉腫。如果股價持續探底的循環低點持續得比想像中久，人們就會覺得自己好像開車時，塞在永遠看不到盡頭的馬路上，最後耐心用盡，只好離半導體而去。這些人通常會說半導體已經「回不去了」，認為這些曇花一現將不復存在。還不僅如此，直到二〇一〇年代初期，SK 海力士除了過去海力士時期持續以來的經營不善，還多次出現長期虧損。

　　另一家具有代表性的半導體上市公司「DB HiTek（原東部 HiTek）」也相去不遠。這都讓投資者對半導體的負面印象根深柢固，認為半導體是即便下重本也難以獲利的產業，是需要投入鉅額資本支出的產業，是赤字滿天飛的產業。

「海力士明年也將難逃赤字」——CSFB

SK 海力士（另）第四季度營收合計圖表

單位：百萬韓元

[圖 1-3] 部分半導體公司的長期赤字，讓許多人認為半導體就是個充滿激烈競爭的高風險產業。

　　不過也曾經出現過幾次，差一點點就能改變人們對半導體負面觀感的契機。二〇一三年開始，行動裝置市場開始快速擴張，記憶體進入了穩定的獲利結構，幾乎可以說是「做多少就能賣多少」。二〇一七年，伺服器投資規模在全世界急遽擴張，讓記憶體價格飆升，三星電子和 SK 海力士迎來了史無前例的股價漲幅與營收暴增。二〇一三年智慧型手機市場飽和之後，三星電子的股價持平好一段時間，直到二〇一七年，記憶體半導體進入上行循環，人們才驚覺「三星電子股價有可能會漲上兩倍」。在這個過程中，有不少投資者開始關注半導體這個領域。

　　但令人惋惜的是，當愈來愈多投資者準備要進入半導體產業的時候，半導體又再次走到了循環的最頂峰。能長期持有套在高點的股票並耐心等待的投資人並不多。也因

此，雖然投資了半導體這個充滿吸引力的產業，卻很少有人能真正獲得滿意的投資成果。其實，產業的機會常在，但投資人卻無法從中獲利。

半導體產業艱深難懂、不易入門等，都是讓投資人退卻的原因。搞懂半導體究竟是什麼，就已經是一大難題了，我想真正掌握從半導體衍生出來的各種技術，以及了解製造產品的上市公司業務細節的投資者，真的寥寥無幾了。再加上半導體產業的價值鏈（value chain，為特定產品的各種零件進行供貨的廠商）非常廣泛，還必須針對半導體相關廠商、材料廠商、設備廠商、零件廠商、服務廠商等各種商業模式有一定的了解。透過分享各種投資情報的論壇會發現，與真正了解半導體的投資者相比，對即將上市但連功效都還不清不楚的新藥瞭若指掌的投資者似乎多更多，也堪稱一種奇觀。

這些因素不僅成了投資半導體相關企業的一道門檻，也是導致人們屢屢投資失敗的原因。

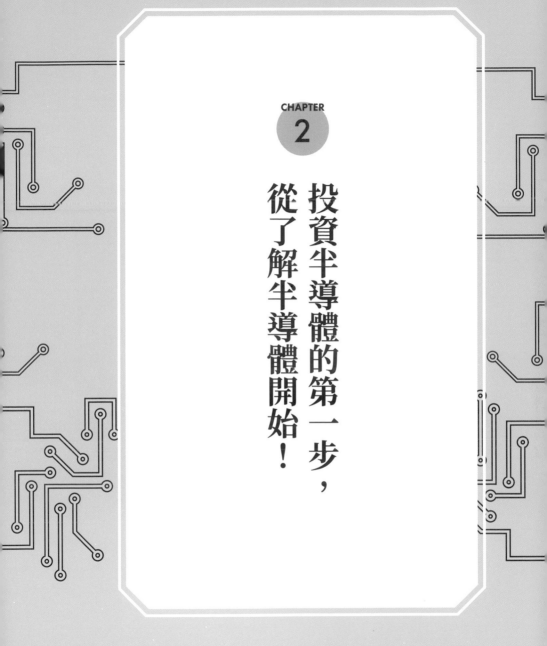

CHAPTER
2

投資半導體的第一步，
從了解半導體開始！

**Investment
in semiconductors**

以投機心態投資半導體產業的人，甚至連原子是什麼也不懂

為何說比起投資，其實更接近投機？

投資股票時，最先要了解的是發行股票的公司主要從事什麼產業（儘管許多投資者並不是非常在意）。若想投資半導體產業，就必須了解半導體製程、材料以及相關技術。而為了了解這個領域，當然必須先知道什麼是半導體。然而，對於並非專家的一般人來說，半導體是個晦澀難懂的概念。「什麼是半導體？半導體用在哪裡？為什麼需要半導體？」了解半導體的過程，往往令人頭痛。而這就是在半導體領域中，多半不是投資，而是「投機」的原因所在。也因此，許多人對半導體產業退避三舍。

雖然蓄電池、電動車、造船、建築以及太陽光電等產業的內容也非常艱深，但在日常生活中比較容易見到來自這些產業的成品，又或者說，與半導體相比，這些產業算是比較好理解的。因此，投資者可以基於對這些產品的了

解，去認識相關企業與產業。只要有一定的掌握度，都會讓投資變得容易許多。但由於半導體並非最終成品，我們無法直接透過肉眼去認識。更別提半導體本身的技術有多高難度了。正因如此，我們無法用最直覺的方式去了解半導體。也有些人在對半導體一知半解的情況下，把半導體當成是一種可以「跟風」投資的產業。雖然不管是哪一個投資領域，比起投資，更接近投機的跟風行為幾乎屢見不鮮。但就半導體產業而言，投機的現象更為常見，主要是因為半導體產業對一般投資人來說，太難理解。

了解半導體的第一步，從了解原子、電子和原子核開始

汽車是由人類和機械手臂組裝各種零件而完成，巨大的船則是透過各種焊接和零件組裝作業而製成。建築物是由搭建鋼筋、鋪上水泥建造而成，食物是搭配各種食材後烹煮出來的。上述的製造過程都經常出現在新聞報導或網路影片中，讓我們更能輕易想像上述產品的製作過程。那麼，半導體是怎麼製造出來的呢？

半導體是在真空的特殊環境之下，藉由原子和分子逐一堆疊而成，在後面的章節會更詳細地說明。和組裝肉眼可見的大型零件不同，半導體是在奈米這一個極微小的區域中，透過原子和分子不斷運動而製成的。因此，在投資其他產業的有關企業時，了解產品的核心功能、產品內的各種零件特性或原料的用途固然重要，但在投資半導體相關企業時，情況卻截然不同。大部分的人都會不知道該從

哪裡開始下手。

　　尤其是半導體產業，並不是光看財務報表或具備會計知識就能投資的領域（即便擁有豐富的會計知識，也難以應對半導體產業的競爭態勢與技術變化帶來的風險！）。這也並非單憑幾個專業術語就能開始投資的領域。即使同為 IC 設計公司，不同的產品種類和特性，競爭力也不同，這些因素對企業價值的影響也有很大的差異。為了了解半導體製程中的上下游公司，必須先從認識半導體開始。因此，我們必須先掌握一些基本的科學知識。首先，必須要知道原子和電子的概念。

　　在韓國的國民義務教育中，學生們會在國中課本裡學到原子跟電子的概念。世界上所有的物質都是由原子組成，而原子又可以進一步分解為原子核和電子。但如果是對科學不感興趣的學生，學習這些科學知識必定是苦不堪言。沒日沒夜地學些肉眼看不到的原子，到底能幹嘛？但為了投資半導體產業，即使只學到科學知識一點皮毛也要運用。換言之，半導體和其他產業不同，是在肉眼看不見的領域，利用原子和分子製造的產品。也會有訂閱者開玩笑地說：「我是不是應該代替孩子去上科學學院呢？」

　　接下來，我們就來更深入討論，這個國中理化課應該都聽過的原子和電子的故事（雖然可能會有些枯燥乏味，但這是理解本書會介紹的半導體產業生態的第一步，還請大家稍微忍耐一下）。在古代希臘時期，曾存在一種哲學主張，人們認為水、火、冷、熱是組成世上萬物的基本元素。當時，古希臘哲學家德謨克利特（Democritos）則主張，世上萬物都是

由非常小的粒子組成的，但這個主張，在沒有科學基礎的當時無法成為主流。

到了十九世紀，隨著科學技術的躍進，使人們更深入地思考原子的概念。物理學家約翰‧道耳頓（John Dalton）透過實驗提出了原子說，認為物質的根本是原子，但這只是缺乏明確實驗證據的「假說」罷了。此後，原子的存在，藉由更進步的科學實驗逐漸確立和修正。

大約在二十世紀，科學家首次發現原子核和電子。英國物理學家約瑟夫‧湯姆森（Joseph Thomson），在一八九七年發現了電子，並首次公布發現。但令人驚訝的是，約瑟夫‧湯姆森提出的原子模型和現在我們所知的原子不太一樣。這個原子模型在當時被稱為「葡萄乾布丁模型」，和我們現在所知的原子樣貌截然不同。用現在的觀點來看，

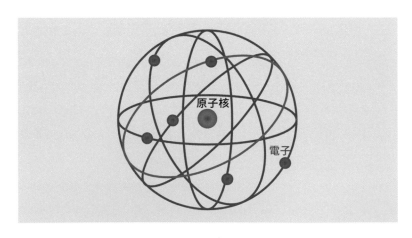

[圖2-1] 歐尼斯特‧拉塞福透過 α 粒子散射實驗推斷出原子核和電子的構造，根據他的推論，電子圍繞在原子核的周圍旋轉。

當時約瑟夫‧湯姆森提出的原子模型可以說是非常原始的概念。不過，這在當時是劃時代的發現，約瑟夫‧湯姆森在一九〇六年獲得諾貝爾物理學獎，也當之無愧。

一九一一年，紐西蘭物理學家歐尼斯特‧拉塞福（Ernest Rutherford）發現了原子核。在約瑟夫‧湯姆森發現了電子後，許多科學家開始對原子內的電子以何種型態存在產生了興趣，也做了各種科學實驗。而且，歐尼斯特‧拉塞福首次發現，原子內部大部分是空的，但中心存在質量相當大、帶正電的原子核。因為這個發現，拉塞福在約瑟夫‧湯姆森獲獎兩年後的一九〇八年也獲得了諾貝爾獎。這個發現成了世人理解原子構造的基礎，且在那之後，正如我們所知，電子圍繞在原子周圍旋轉的模型又變得更具體了。然而事實上，在科學家發現原子之前，半導體的概念就已為人所知。

半導體
究竟是什麼？

法拉第丟出的震撼彈

一八三三年，英國知名化學兼物理學家麥可・法拉第（Michael Faraday）正分析一種稱為硫化銀的金屬物質特性。麥可・法拉第是國高中自然科學課上，經常被提及的著名科學家。他是愛因斯坦尊敬的科學家、發現了電磁感應現象、發明了第一台馬達，也被稱為電磁學之父。然而，卻鮮少有人知道，麥可・法拉第其實是第一位發現半導體的科學家。

麥可・法拉第透過改變溫度和環境，觀察硫化銀的電學特性時，發現了一項驚人的事實[4]——金屬在愈熱的環境中愈不容易導電。但是硫化銀不同於其他金屬，硫化銀在高溫環境當中，反而更容易導電。雖然當時還沒有半導體的概念，但是後來這種現象，成為了我們所知的半導體物

---

4 Faraday, M. Experimental Researches in Electricity, Volume 1.(London: Richard and John Edward Taylor, 1839) pp.122~124 (para. 432).Argonne National Laboratory."NEWTON - Ask A Scientist."Internet Archive, February 27, 2015.

質最根本的特性。而且這也是首次發現：硫化銀在高溫環境中更容易導電。

導體、絕緣體與半導體

必須向讀者說聲抱歉，必須再經歷一段枯燥乏味的內容，才能真正進入半導體的概念（請大家再忍耐一下！）。導體是一種電阻低、可輕易導電的物質。更具體地來說，可以輕易傳導熱和電流的物質，我們稱之為導體。在這裡，我們先撇開導熱，只看導電這個特性。為什麼導體的導電性這麼好呢？因為圍繞在原子核周圍的部分電子可以輕易地通往原子外部，再透過其他的原子移動，而這就是電流的原理。相反地，絕緣體則是在一般條件之下不導電的物質。試想一般住家都有的電線，電線內部有可導電的金屬線，外面則包有一層用絕緣體材質做成的塑膠皮。容易導電與不導電的材質，也就是所謂的導體和絕緣體組成一個產品。

那麼，半導體到底是什麼？字如其意，半導體的意思就是，只有一半是導體的物質。導體的英文是 conductor，半導體的英文則是加上「一半（semi）」，稱之為 semiconductor。為什麼只有一半是導體呢？這是因為，半導體同時具有導體跟絕緣體的特性。也因為如此，半導體最大的特色，就是可以在導體與絕緣體之間自由轉換，同時兼具兩者的特性。一般情況下，本來是絕緣體，但在特殊的條件之下就會轉換為導體，反之亦然。像這樣介於導體和絕緣體之間的物質，在科學上稱之為「半導體」。如

果在百科全書中查找半導體，通常都會出現像是「室溫下的電導率介於銅等導體與玻璃等非導體（絕緣體）之間的物質」這種含糊不清的定義。更具體地來說，室溫下的電阻率約為 10-3 ～ 108 歐姆公分（Ωcm）的物質就是半導體，但其實這個範圍並沒有被嚴格定義。

材料是半導體，產品也是半導體

半導體材料當中，最具代表性的物質是元素符號中的 "Si" 的矽（silicon）。這也是為什麼在討論半導體產業時，我們經常會聽到「矽谷」、「矽科技」這些名詞的原因。不過必須請讀者們留意，化學原子序為 14 的的矽，和整形外科經常使用的矽膠填充物（silicone），是完全不一樣的東西。

矽是製造半導體時，最常用的材料。許多我們所熟知的半導體如：DRAM、NAND 快閃記憶體（Nand Flash Memory）、CPU 等（之後會再詳細說明！）都是用矽製造出來的。我們生活周遭常見的電子器材內部，也搭載了各式各樣的半導體晶片，而製造這種晶片核心的材料，就是矽。當然透過科學家們的不斷研究，也發現除了矽之外，地球上還有許多種類的半導體物質。為了製造出更多樣的電子元件，需要具有各種性能的半導體材料。至今，科學家們仍為此努力不懈地研發新的半導體材料。在後面的章節，會針對這個部分更詳細地介紹。

三星電子、英特爾等半導體企業，都是以矽等半導體材料為原料，生產半導體應用晶片，其中最具代表性的產品為

[圖 2-2] 矽在整個半導體產業的發展扮演著舉足輕重的角色。也因為如此，半導體技術有很長一段時間都被稱為「矽科技」。

CPU 和 DRAM。從產業的角度來看，這些晶片都被稱為半導體。也就是說，「半導體」有兩種意思，一種是科學上稱的「半導體物質」，另一種則是產業上稱的「半導體晶片產品」，兩者都是半導體。投資者比較常接觸到的半導體通常是後者，也就是「半導體晶片」。但其實半導體有時候也會用來指稱「半導體物質」，很容易就會讓人搞混。但只要搞懂「用半導體製作半導體」這樣的概念，基本上就不會混淆了。由於「半導體」本身有兩種意思，所以在後面章節提到半導體的時候，有可能指的是半導體材料，但也有可能是半導體產品，只要掌握前後文的文意就能輕易理解。

　　半導體晶片依照不同用途與構造，分成非常多的種類。運用矽所具有的半導體物質特性，可以製造出儲存資料的產品、也可以製作運算設備，還可以製造出相機影像感測器或是 LED 等發光元件。依據產品種類的不同會有不同的製造商，當然，不同的產品使用領域也會有不同的市場。

為什麼
需要半導體？

電子設備裡面一定要有半導體嗎？

半導體企業透過半導體製程，生產出最終的半導體晶片產品。依照不同的用途生產出不同的產品，而在這些過程中又會存在各種不同的製程，因此不難想像，在整個過程中會有各種上中下游企業參與其中。目前在韓國，有超過一百家半導體上市公司在各自的領域中大放異彩。

但在仔細探究這部分之前，有個令人好奇的地方。矽等半導體物質，到底有何特別之處，以至於半導體產品製程當中少不了它？難道少了半導體物質，就做不出 DRAM 或是 CPU 了嗎？製造電子設備的時候，一定會用到半導體物質嗎？我們一起來了解一下吧。

為了開關家裡的電燈，我們需要開關。開關通常都裝在牆面上顯眼的地方，如果沒有開關，我們就沒辦法開關電燈。電子設備裡的各種零件也是一樣的道理。日常生活中大部分的電子設備為了提升消費者的使用體驗，都會需要各種「開關」。這裡指的不是單純電子設備的電源「開

關」，而是讓電子產品能正常運作的各種開關。我們一起透過其他案例稍微了解一下。

智慧型手機上的攝影鏡頭，會不斷接收來自外部的光線。但只有在按下快門的瞬間，影像感測器才會去偵測光線，並以照片的檔案形式儲存起來。也就是說，只有在使用者按快門這個條件之下，這個名為「影像感測器」的開關才會啟動，並將光線以檔案的形式接收進來。而這個「開關」負責將影像感測器上形成的數百萬個像素一個個開或關，而它的體積必須非常小，動作必須非常快。電視和顯示器也是一樣的原理。電視與顯示器在每秒會開關數十次以上，以形成新的影像畫面。為此，電視和顯示器內超過數百萬的像素，每個都有非常迷你的開關。這種開關也在我們看不到且極微小的地方，不停地高速運作。

電腦的 CPU 也是透過數十億個開關，不停地開與關，以反覆輸出 1 和 0 的訊號，各個開關連續運作，1 和 0 的訊號轉換為另一組 1 和 0 的訊號，然後合併。電腦就是藉由這樣的過程運作的。智慧型手機裡配備巴掌大的電池，這種電池有爆炸跟發熱的風險，所以搭載保護電路。保護電路上面有半導體做成的開關元件，當電池出現異常或電壓突然過高過低，開關便會啟動以暫停電池的運作。得益於保護電路，電池才能在安全範圍內運作，與電池相連的設備電路也能得到保護。

所以說，日常生活中的各種電子設備都會需要「開關」。或者換句話說，幾乎沒有任何一種電子設備上沒有開關。手錶的秒針是因為有了開關才能精準地走動，廚房

的電子鍋也是因為有了開關，才知道哪種飯要煮多久。

但問題是，這種開關是怎麼做出來的呢？牆上的電燈開關大概跟手掌差不多大。然而，電子設備內的開關無法跟電燈開關一樣大，也不是所有產品的開關都能用一隻手指頭打開。我們需要極小且能透過電子訊號快速運作的開關，而這種開關，因半導體而誕生。

導體跟絕緣體之間，半導體創造的新世界

半導體是一種會依照不同的環境條件，在導體與絕緣體特性之間游移的物質。而我們可以利用這樣的特性，製造出極精細的開關。若假設半導體不導電時，則開關關閉；而變成可導電的導體時，開關就是開啟狀態。如果可以幫半導體設定條件，控制半導體在導體和絕緣體之間自由變換的話，那我們就能用非常快的速度打開和關閉開關，才能在電子設備內裝上更多的開關。而且如果將不導電的絕緣體狀態定義為 0，導電的導體狀態定義為 1 的話，就能生成 0 和 1 的數位訊號。透過這樣的方式，由 1 和 0 組成的無限多資料的儲存和運算便得以實現。半導體就是扮演著讓各種電子設備運作的「開關」，同時也是生成數位訊號 0 與 1 時的必要條件。

除此之外，半導體也扮演許多不同的角色。將兩種不同的半導體結合在一起，就能做出讓電流只往單一方向傳導的二極體（diode）。二極體可以將交流電變換成直流電，或是維持一定的直流電壓。因此，各種電子設備的電路、

電力設備或是電動車都必須使用二極體。此外，半導體還能放大電路中的電流、變成發光元件、對光反應並形成電流，也能將聲音或是熱能轉換為電子訊號，這些特性是光憑導體或絕緣體無法實現的。

材料的變化
帶來產業的變化，
以及新的投資機會

矽，代表著半導體的一切嗎？

半導體產業對「矽」的依賴度之高，讓它甚至被稱為「矽科技」，在產業發展過程中幾乎少不了矽的存在。日本的信越化學在矽加工技術方面具有極大優勢，信越化學負責供給在製造晶片時需要的晶圓材料，在半導體產業的發展過程中，充分享有產業成長紅利。此外，韓國的上市公司 Hana Materials 專門生產在矽晶圓上製程中，一定會用到的矽聚焦環，他們也因為矽技術而獲益良多。

然而，除了矽之外，還有這麼多具半導體特性的物質，都可以當作製造晶片內部開關的原料，但為什麼大部分的晶片還是使用矽生產呢？難道就沒有其他半導體產品是用矽以外的半導體物質做成的？矽半導體將會與半導體產業的發展而持續成長，那麼，會有哪些新半導體原料得以成長，又會有哪些企業會因此受益呢？在回答這個問題以前，

我們先深入了解一下「矽」這個物質。

　　元素週期表，是依照化學性質排列，超過 110 種化學元素的表格。自然界中的元素透過古今科學研究獲得證實，科學家們以物理學及化學為基礎，不斷發現前所未有的新元素。週期表上的元素依照不同的性質，分成導體、絕緣體與半導體。但在這麼多的元素當中，真正被當成半導體材料使用的自然元素，其實只有兩個。那就是原子序數 14 的矽（Si）以及序數 32 的鍺（Ge）。現在的半導體產業更是有一半以上，都是以 14 號矽原料為基礎發展起來的。雖然也有些半導體製造商，用鍺來生產半導體，但地球上矽的蘊藏量比鍺更豐富，價格也更便宜，因此製造半導體，大多數還是以矽為原料來生產。此外，矽還具有優異的耐熱性，矽材料上可以輕易形成各種高品質的物質，因此，矽可以說是最適合生產各種晶片的材料。

尋找新的半導體大作戰

　　然而，光有這兩種半導體，是沒辦法讓科學家滿足的。因為光憑這兩種物質，沒辦法做出需要的各式性能半導體晶片，以及利用這些晶片生產各種電子零件。因此，有許多科學家不斷透過研究，尋找與矽和鍺特性不同的新半導體（當然許多的研究仍在進行中！）。單一元素中能當作半導體材料的只有矽和鍺，為了開發出更多類型的半導體材料，科學家們開始合成週期表上的各種元素，並製造出化合物（compound），因此研發出了多種化合物半導體。

當科學家們研發出新的半導體物質並發表論文，就會在學術界引爆話題，新物質也倍受各界矚目，同時各種與分析該物質特性有關的研究也會應運而生。隨著愈來愈多關於新半導體材料物理性質的研究出現，能不能商用化、商業性夠不夠高、是否具有足以引進半導體產業的價值等，有關材料的全面性研究也會跟著展開。不過，新材料的問世，可不僅僅是對科學界有著重要影響。如果新材料成功商用化並引進半導體產業後，也會讓整個產業產生巨大變化，而巨大的變化對投資者來說，有可能是新的機會，也有可能是另一種風險。實際上，在二〇二〇年代後，替代矽半導體的新半導體材料的應用趨勢逐漸擴大，整個產業開始產生巨變。在深入了解之前，我們先來認識幾種化合物半導體材料。

　　化合物半導體通常具有金屬和非金屬的結構，代表性的有鎵（Ga）和砷（As）所合成的砷化鎵（GaAs），或是氧化物（oxide）半導體。氧化物半導體是金屬和氧（O）結合而成的半導體物質，代表性的有原子序 30 的鋅（Zn）和氧結合成的氧化鋅（Zinc Oxide，化學式：ZnO）。除此之外，也有像硫化物（sulfide）和氮化物（nitride）等其他半導體物質。

　　在業界最被廣泛引進並積極使用的化合物半導體材料，是由銦（In）、鎵（Ga）、鋅（Zn）和氧（O）所合成的氧化銦鎵鋅（Indium galliun zinx oxid，化學式：InGaZnO），這種氧化物半導體。這種半導體又被稱為 IGZO，在面板產業中是非常重要的材料。IGZO 被應用在開關像素的感光元件上，與矽在生產高端液晶顯示器（LCD）和 OLED 的過程中

被廣泛地使用。IGZO 具有功耗低、節能省電的優點，因此多使用在製造行動裝置上。雖然 IGZO 只用在驅動面板的半導體中的一小部分，無法帶來巨大的收益。但對於像 Advanced Nano Products 這種專門銷售 IGZO 材料的上市公司而言，這無疑是個全新的市場。

[圖 2-3] IGZO 經常用來改善行動裝置的耗電問題。

其他正準備進入商用化階段的化合物半導體還有：結合了銦、鎵和砷（As）的 InGaAs（砷化鎵銦，Indium gallium arsenide）和銦和磷（P）結合的 InP（磷化銦，Indium phosphide）等皆獲得不少的關注，預計比 IGZO 更有市場影響力。InGaAs 取前面幾個英文字母，也稱為〝in-gas〞，在自動駕駛時代廣受關注。為了能夠自動駕駛，車子必須隨時偵測周圍環境的變化，而能夠發射紅外線並接收反射訊號的光達 LiDAR（Light Detection And Ranging）系統是提高駕駛穩定性的重要要素。為此，則需要能感知紅外線訊號的感測器。因此，現正廣泛研究能快速辨識紅外線物質的

半導體，如 InGaAs 和 InP。雖然矽也具有感測紅外線的特性，但室溫之下的紅外線感應效果不夠好。這種差異源自於物質本身的特性，依據半導體材料的種類，會對哪些光線產生反應、反應靈敏度都不盡相同。

二〇一〇年初，就有人預測，到了二〇二〇年，每個人都能開自動駕駛車上路。但是二〇二〇年過去了，自動駕駛技術仍然停留在發展初期階段。自動駕駛技術原地踏步原因之一是，半導體材料不足。當新的半導體材料出現時，不僅會對半導體產業帶來巨大的變化，而且搶占先機供應新材料的企業，也會長久地受惠於這個新開創的半導體市場。

而化合物半導體市場是目前正感受到這種變化的另一個領域。從二〇二〇年開始，有些研究半導體產業的投資者極感興趣、同時也是筆者最常被問到的，就是「寬能隙半導體」。

未來商機——
開啟半導體新時代的
寬能隙半導體

後矽時代，寬能隙半導體倍受矚目

　　隨著矽半導體產業持續增長，日本的信越化學和韓國的 Hana Materials 等多家矽材料企業（除此之外，當然還有許多企業！）可能因此而提供更多的產品。這是因為，只要矽半導體的增長不停歇，這些企業就能從中不斷獲利。

　　雖然產業內目前仍以矽半導體為主，不過，隨著新的化合物半導體的運用範圍擴大，將有另一批新的企業開始受惠。這些企業的成長規模比目前現有矽技術具有優勢的企業更大。這是因為，隨著矽技術的不斷發展，長久以來引領著半導體產業穩步發展，因此，掌握矽技術的企業已經形成一定的規模經濟，但新的半導體材料尚處於起步階段，因此主攻新材料的企業大部分都是剛進入市場的中堅或小型企業。

　　即將翻轉整個產業的新一代半導體材料，主要包含

結合氮和鎵的 GaN（Gallium Nitride，氮化鎵）、結合碳和矽的 SiC（Silicon Carbide，碳化矽）以及結合銦和磷的 InP（Indium Phosphide，磷化銦）。這幾種材料的開發，都是為了突破矽材料的限制，因此又被稱為「後矽時代的材料」（* 譯註：台灣稱磷化銦為「第二代半導體」，稱氮化鎵、碳化矽等寬能隙半導體為「第三代半導體」）。不過，這些化合物半導體並不是被開發來取代所有矽半導體的。在生產功率半導體或通訊半導體時，由於它們的性能更為優異，因此被廣泛運用在部分的產品上。這些材料之所以比矽材料更好，是因為它們的物質固有數值──能隙（band gap）大於矽，屬於寬能隙半導體（Wide Band Gap Semiconductor）。

新一代 IT 技術的發展，催生高功率半導體需求

在認識半導體產業時，「能隙」是經常會碰到的一個用語。這個詞彙過去通常是半導體的專業人員才會使用，但近來也經常出現在新聞報導或券商報告上。因此，熟悉「能隙」一詞，對了解半導體產業很有幫助。然而，雖然今後寬能隙材料極可能動搖半導體產業，不過「能隙」這個物理學名詞對投資者來說，陌生又難懂，讓他們難以親近。

所謂能隙，簡單來說就是指在原子核周圍旋轉的電子擺脫原子核的束縛，移動到外面的「困難程度」。能隙愈大的材料，電子愈難擺脫原子核的束縛，移動到外面。反

之，能隙愈小的材料，電子就愈容易掙脫束縛，自由移動到外面。

　　一直以來，半導體產業的發展一向都以矽為中心。但由於矽材料存在性能上的限制，所以各種新的半導體材料不斷出現。而在這個過程中，「寬能隙」一詞不斷被提及。相較於矽，寬能隙半導體是能隙更大的半導體材料。換句話說，這種半導體材料的電子更難擺脫原子核的束縛。寬能隙半導體早已不再是只存在於專業書籍中的概念了。這種材料突破了矽的限制，因此被認為是新一代半導體材料，備受人們的矚目。自二〇二〇年以來，寬能隙半導體一直積極地商業化，預告了半導體產業將迎來重大的變化。因此，在券商報告裡，不難看到「寬能隙半導體」的論述，各大韓國企業也開始對寬能隙半導體產生興趣。

　　實際上，自二〇二一年起，以寬能隙半導體為中心的國家研究開發計畫開始擴大實施。甚至還有報導指出，過去著重於矽半導體生產的韓國上市公司 DB HiTek，正考慮開拓寬能隙半導體的新事業。同一時期，韓國上市公司 APRO 也決定將寬能隙半導體設定為新事業方向。

　　寬能隙半導體材料有許多種。能隙為矽的三倍的化合物 Sic（碳化矽，3.0~3.3eV）和 GaN（氮化鎵，3.4eV）都已經是半導體市場上的熱門話題。eV（電子伏特）是能隙的衡量單位，數值愈高，就能承受愈高的電壓（v）。SiC 和 GaN 都屬於兩種或兩種以上的原子所組成的化合物半導體。

　　能隙愈大，被束縛的電子就愈難向外掙脫，這對用

於處理高功率或高溫環境中的功率半導體來說，格外重要。與在 3～5V 以內運作的晶片不同，電動車或電力設備需要能在 300～1500V（伏特）甚至更高的電壓範圍下運作的晶片。這些環境也相對高溫，如車輛內部或工廠現場等。矽在高壓高溫的環境中，很容易失去半導體的特性。這是因為矽的能隙較小，電子容易受到周圍能量影響，輕易擺脫原子核的束縛，向外逃逸。為了防止這種情況，其實可以考慮增加材料的厚度，讓晶片變厚等因應對策。但這又可能導致高耐壓性、低電阻損耗、高速開關等性能降低。用一句話總結，有得必有失，沒有辦法十全十美。

相反地，寬能隙半導體的電子不易流動，因此可在高壓高溫的環境下順利運作，厚度卻更薄。特別是 GaN 和 SiC 的電壓耐受度，比相同結構的矽晶片還要高出十倍，因此，晶片規格經常為 1200 伏特、3000 伏特。此外，晶片可以做得更薄、更小，同時開關的功能也跟矽晶片不相上下；而且還不容易發熱，大大提升了產品的可靠度。這種材料的獨特特性，例如比傳統半導體材料更高的電子流動性，低介電常數，讓它非常適合用來打造在大頻寬、高頻段內運作的半導體元件。這些特性可以更容易大幅減少安裝在半導體晶片的元件數量來製作各種半導體，因此，在某些領域，這些材料正慢慢取代矽半導體。

過去，大部分企業都將重點放在矽半導體上，寬能隙半導體則被認為是用在國防或太空等特殊領域的半導體。

這是因為當時的製造技術尚未成熟且價格高昂，因此在沒有迫切需求的情況下，企業大多會使用矽半導體來滿足需求。然而，隨著電動車和可再生能源等新產業蓬勃發展，企業對寬能隙半導體的需求驟增，對高功率半導體的需求也開始浮現，盡可能地降低電力損耗，以大幅減少環境汙染。未來將持續普及的物聯網、穿戴式裝置，以及目前的行動裝置都會持續追求提升充電效率，進而創造出寬能隙半導體的新需求。所以，這些材料的應用範圍正不斷地脫離傳統領域，有了新的運用範疇。

磚頭般的筆電充電器，能做到超輕量、高效能嗎？

只要是筆記型電腦的使用者，可能都曾經思考過這個問題：為什麼筆電的充電器又大又重呢？相較於智慧型手機，筆電在充電的時候需要更高的功率。為了負荷高功率，半導體晶片和用來控制功率的零組件的體積就必須變大，所以，筆電充電器才會比手機充電器更大、更重。不過，若使用 GaN 製造的半導體晶片，就能減少筆電和手機充電器的體積，進而達到筆電和手機同時充電等高速充電的效果。實際上，安克創新科技（Anker Innovations Technology）等企業早已領先其他公司，率先推出了 GaN 充電器，手機巨頭蘋果公司也緊跟著推出 GaN 充電器。蘋果公司將 GaN 充電器的製造委託給台積電，而台積電在原本 GaN 半導體製程的基礎上，將部分需求外包，加速生產 GaN 半導體以滿足蘋果的需求量，積極擴大 GaN 的市場。

在電動車方面，寬能隙半導體的重要性也大幅提升。電動車內所搭載的半導體晶片和電子零件的數量，是內燃機汽車無法相比的。功率半導體則負責向這些零件傳遞電力。電動車的能源僅來自具有高直流電壓的電池，由內部功率半導體分配直流電池的電壓，並根據需求決定是否裝載在變流器上，進而轉換直流和交流電。內燃機汽車將燃料轉換成電力的能量轉換效率偏低，電能品質不佳，難以搭載電子零件。但電動車使用的是電池，可以裝載更多的電子元件。因此，車中用來控制電子元件功率的功率半導體的比重，從 20％飆升至超過 50%。[5]不過因為電動車必須負荷更高的電壓環境，以及更嚴苛的駕駛條件，所以電動車必須使用寬能隙半導體。實際上，在二〇一五年前後，豐田汽車和特斯拉就開始在自家汽車採用 SiC（碳化矽）功率半導體。隨後，現代、起亞汽車等國際汽車品牌也紛紛跟進，開始研發與引進 SiC 功率半導體。

雖然韓國企業在矽半導體領域，位居世界領先，但可惜的是，韓國企業沒有積極布局寬能隙半導體市場，因此未能形成相關的寬能隙半導體價值鏈。在一開始就發現寬能隙半導體重要性的歐洲和美國企業，目前正主導著整個市場，從半導體製造所需的各種材料、零件和設備方面，以歐洲和美國企業為中心形成了競爭局面。不過，考慮到未來的漫長路程，寬能隙半導體市場目前其實還在初期階

---

5 韓國能源公團，每週能源議題報告（vol33，issue 115）。

段。今後將來會有愈來愈多企業進入競爭圈，並出現垂直整合的情形。更重要的是，這個領域，多樣化的產品必不可少，這也為更多的市場參與者創造出機會。目前，在韓國的價值鏈擴大至投資機會頻繁出現，還需要一段相當長的時間，這對心急的投資者來說雖然有點遺憾，不過這無疑是個值得持續關注和研究的領域。

何謂「能隙」?

電子受到原子核的束縛，靠近原子核，並圍繞著原子核旋轉。但電子並不是隨時都受到原子核的約束。在不同的情況下，電子可能會擺脫束縛，移動到原子外部，或依附在其他原子上游移出去。如同上述情況，脫離原子的束縛、可自由移動的電子就稱為「自由電子」。金屬之所以能導電，正是因為內部有非常大量的自由電子，當自由電子不停地運動，就會產生電流。這就是為什麼金屬屬於易導電的導體。但絕緣體具有很強的電子束縛力，不容易出現自由電子。當然也有極少數的電子在原子外流動，不過這種情況，少之又少。

自由電子和受原子束縛的電子如 <圖 2-4> 所示，圖中藍色方形的導帶（conduction band）代表自由電子占據的空間，而紅色方形的價帶（valence band）則是受原子束縛的電子所占的空間。

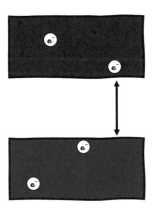

[圖 2-4] 受束縛之電子（下方）和自由電子（上方）

此時，兩個方形之間存在距離。這樣的空間被稱為「禁區」（forbidden zone），兩個方形之間的距離差則被稱為「能隙」（band gap）。電子如果要自由移動，就必須擺脫原子核的束縛，脫離到外部，但絕緣體的電子要擺脫束縛是一件十分困難的事，由於電子受到原子核強烈的束縛，因此為了移動到外面，就必須符合極端條件。這就是圖中的能隙非常寬的原因。反之，導體的紅色方形和藍色方形之間就不存在任何距離。也就是說，紅色區域內的電子可以脫離原子的束縛，自由移動到藍色區域。換言之，這種情況下的能隙就是零。金屬的情形如 < 圖 2-5 > 所示。

[圖 2-5] 金屬的能隙

那麼半導體呢？半導體的特性介於導體和絕緣體之間。雖然和絕緣體一樣，兩個方形之間存在距離，但是間距明顯比絕緣體還小。因此，半導體的電子要脫離原子核到外面，會比絕緣體容易得多。也就是說，半導體的能隙遠大於絕緣體。

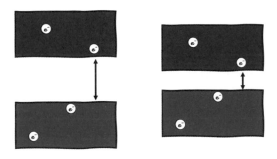

[圖 2-6] 絕緣體和半導體的能隙

　　金屬內不存在能隙。相反地，絕緣體的能隙則介於 7 ～ 12eV（電子伏特）以上，矽的能隙則約為 1.12eV（電子伏特）。假設有一個名為「A」的絕緣體物質，其能隙達 10eV，絕緣性非常好。如果我們動用各種科學方法，將它的能隙降低至 2eV 的話，會發生什麼事呢？結果就是，這個物質會變成半導體，不再是絕緣體。

　　雖然我們可以透過科學定義來區分導體、半導體和絕緣體，但如果加點變化，其實是它們都可以轉換成另一種物質。實際上，有些科學家很喜歡在材料上透過特定技術，將導體變成半導體，或將半導體變成導體。

夢寐以求的新材料——石墨烯，即將在半導體領域商用化！

「石墨烯」，在石墨中發現的夢幻新材料

　　SiC、GaN 等化合物半導體，是近日快速商用化的半導體材料。不過，還有其他還未立刻商業化的新一代材料，正等待某一天逐步引入產業當中。儘管這些材料不太可能馬上在半導體產業裡引起熱議，但它們時不時又會出現在新聞裡，所以值得我們花點時間去認識。

　　在我小學低年級時，學校禁止學生使用自動鉛筆。因為他們認為只有使用鉛筆，才能寫出一手好字。所以，那時每間教室裡總是備有幾隻鉛筆和削鉛筆機。鉛筆筆芯的主要成分是石墨。石墨是由碳元素（c）組成的物質，具有獨特的層狀結構。碳原子排列成蜂窩狀的正六角形，形成無限的平面結構，而這種平面結構是一層一層堆疊起來的。

　　此時，層與層之間的碳原子沒有形成化學鍵，這種層層輕疊的層狀結構，讓層與層之間的鍵結力變得非常弱。也因此，當鉛筆筆芯在紙上摩擦時，層與層之間的微弱結合就會容易斷開，使大量的石墨層以塊狀形式掉落，在紙

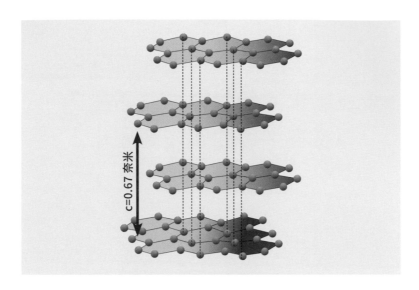

c=0.67 奈米

[圖 2-7] 具層狀結構的石墨視圖

上留下痕跡。我們之所以能用鉛筆輕鬆寫字,就是因為石墨有這樣的層狀結構。

　　一九四七年,菲利普‧羅素‧華萊士(P. R. Wallace)發表了針對石墨結構的理論分析結果,研究中就「如果只有一層石墨,會出現什麼樣的特性呢?」一問展開了相關研究,並發表了結果。在此過程中,預測了令人驚訝的事實。當石墨具有多層結構時,就只是和筆芯一樣的物質;但如果石墨能被剝離到只剩下一層的話,就會出現多層結構時完全沒有的物理特性。譬如,物理強度比鋼鐵大兩百倍以上,導電和導熱性都明顯高於銅,甚至還具有電特性等各種特性。而這種只有一層石墨的狀態,就被稱為「石墨烯」(Graphene)。

雖然有了理論背景，但是發展出將石墨從層狀結構剝離到只剩下一層的技術，卻耗費了很長的時間。更別說在過去，連合成石墨烯的技術都沒有。因此，只有偶爾進行一些簡單探究石墨烯特性的實驗。直到二〇〇四年，才成功分離出單層石墨烯。英國物理學家安德烈・蓋姆（Andre Konstantin Geim）和擁有英俄雙重國籍的物理學家康斯坦丁・諾沃肖洛夫（Konstantin Sergeevich Novoselov）在鉛筆筆芯上反覆貼上再撕下膠帶（其實要找到單層石墨烯真的非常困難），終於找到只有一層結構的石墨烯。他們觀察石墨烯的電特性，並製作半導體元件，最後發表了石墨烯的電特性。他們的貢獻得到認可，在二〇一〇年獲得諾貝爾物理學獎殊榮，成為日後石墨烯研究蓬勃發展的重要契機。雖然目前已經具備用化學方法合成石墨烯的基礎，但與石墨烯具備的潛力相比，現在的技術水準還不夠高，合成出來的石墨烯品質也不佳，應用受限，尚處於發展初期。但若持續提升品質，那麼石墨烯的潛力很快就能被發揮出來。

從半導體到蓄電池，漸受關注的石墨烯

　　石墨烯的電子會不斷擺脫原子的束縛向外移動，呈現出導體的特性（因為沒有能隙，因此被稱為零能隙〔zero-band gap〕物質！）。也因為高導電性，常用來做半導體元件內的電極材料，或是電池導電材料。此外，透過「摻雜」（doping）的特殊製程（更詳細的說明請參考下一篇附錄！），將碳以外的原子作為雜質注入石墨烯中，就會形成能隙，使其出現

半導體的特性。這也就代表，若將多種製程應用在石墨烯上，那麼石墨烯將可以取代矽，製成各種半導體元件。三星綜合技術院（Samsung Advanced Institute of Technology）於二〇一二年，在〈科學進展〉（Science Advances）期刊中發表的新開關元件——壓敏電阻（又稱變阻器），就是實例之一。石墨烯之所以被稱為夢幻新材料，是因為它具有非常強的物理特性，可以應用在防彈衣或煤氣罐等地方（石墨烯已經引入這些相關領域，並開始商業化運用）且可透過摻雜改變能隙，並使用於導體或半導體等各種電子元件上。透過名為「沉積」的半導體製程，部分半導體企業已經探索出在半導體結構中合成石墨烯、改善電極中電特性的方案，並積極地將用石墨烯捲成的圓柱狀奈米碳管（CNT）材料引進，作為蓄電池的導電材料。

由於石墨烯沒有能隙，所以具有金屬的特性。反之，也有一些半導體材料的結構與石墨烯相似，但能隙可能比矽大或比矽小，這些材料也接連有人研究。層狀結構的材料中，最具代表性的有二硫化鉬（MoS2）和二硒化鉑（PtSe2）。如果這些材料和石墨烯一樣，都只有單層的話，就會出現與多層結構時不同的獨特性質，因此被認為是新一代的半導體物質，並持續受到關注。儘管這些材料還需要經過長時間的研究與開發，但可望在未來可見到商業化的應用。

讓半導體「活」起來的——摻雜

　　如果說半導體是在特定條件下，切換於導體和絕緣體之間的物質，那麼這個特定條件是什麼？又是如何形成的呢？根據各種環境因素帶來的影響，半導體會出現導體或絕緣體的特性。代表性因素包括電壓、高溫和低溫的環境，或是光線等。其中，最容易控制半導體的方法就是透過電壓。只要利用金屬電路在半導體上連接電源，就可以輕易地施加電壓。實際上，正常的矽不會只因為電壓，就產生在導體和絕緣體之間切換的變化。這是因為純淨狀態的矽，是沒有自由電子的本質半導體（Intrinsic semiconductor）。因此就需要加上「雜質」這個條件。不過，這裡指的雜質並不是我們日常生活中的髒東西。在元素週期表上，矽周圍的元素有原子序 5 的硼（B）、原子序 15 的磷（P）和原子序 33 的砷（As）等。如果將極少量的這些元素加入矽，那麼對矽而言，這些元素就是「雜質」。

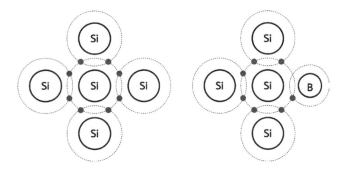

[圖 2-8]　矽會和鄰近的原子共用電子，形成共價鍵（covalent bond），價電子數量調整為 8 個。但是，硼只有 3 個價電子，未能形成共價鍵的電子將會被留下。

我們接受國民義務教育時，都曾在化學課上學過「價電子」（valence electron）的概念。用矽來解釋的話，矽的原子核外圍繞著 14 個電子，其中最外層的 4 個電子就是價電子。這 4 個電子之所以重要，是因為它們會和相鄰的矽原子鍵合，並將價電子的數量調整至 8 個。為此，原子會和相鄰原子共享電子，形成共價鍵。矽的價電子有 4 個，而硼、磷或砷的價電子則分別為 3 個或 5 個，而非 4 個。因此，當這些原子當成雜質加入矽裡，問題就來了。有 3 個價電子的硼會向矽伸出三隻手臂，希望與矽原子鍵合，但問題是矽需要 4 個價電子。由於硼只有 3 個價電子，就會導致矽沒有參與到鍵合的 1 個價電子被孤單地留下。這個電子會嫉妒已經在共價鍵裡的另外 3 個電子，不斷試圖擠進空隙裡。也就是說，這個電子會一直等待其他電子來到自己身邊鍵合，結合在一起。矽在加入 3 個價電子的物質時，會維持在缺乏電子的狀態，而這種半導體就被稱為「P 型（p-type）半導體」。

　　不同於硼，磷的價電子有 5 個。當磷被加進矽裡，情況就不一樣了。圍繞著矽旋轉的電子會歡迎磷的到來，並與磷的價電子形成共價鍵。然而，由於矽原子當中可參與鍵合的電子只有 4 個，磷的 5 個價電子中將會有一個電子無法參與鍵合而被留下。由於最外層已被另外 8 個電子占據，被獨自留下的電子只能到原子外面徘徊，被迫露宿街頭。也就是說，它會變成自由電子。矽在加入 5 個價電子的物質時，會維持在電子過多的狀態，而這種半導體被稱為「N 型（n-type）半導體」。

　　如上所述，透過人為加入價電子數量不同的物質，改變電特性的方法就叫作「摻雜」（doping）。這一詞源於英文的 doping，有「興奮劑」之意，是一個經常會在奧運期間聽到的詞，指的是運動選手服用違反規定的藥物。此外，doping

也有有意添加其他物質的意思，在中文稱為「摻雜」，將雜質加入半導體的製程就可稱為「摻雜」。

在摻雜方式中，加入 3 個價電子的雜質，使電子處於缺乏狀態的摻雜被稱為「P 型摻雜」；而加入 5 個價電子的雜質，形成自由電子的摻雜則被稱為「N 型摻雜」。加入雜質後，會變成缺乏電子的狀態（P 型摻雜）或形成自由電子的狀態（N 型摻雜），但通常只會加入極少量的雜質，所以缺乏的電子或形成的自由電子數量並不多。因此，半導體不會變成導體。如果加入非常大量的雜質，讓缺乏的電子數量（P 型摻雜）或自由電子的數量（N 型摻雜）愈來愈多、愈來愈接近導體的話，再加入更多雜質時，從某一刻起，就會完全出現導體的特性。我們稱這種情況為「過度摻雜」，也就是半導體變成導體的情況。在半導體製程的前半部分，摻雜是非常重要的一環。

摩爾定律與其後

摩爾定律：半導體的性能每兩年增加一倍

　　半導體最重要的作用，在於它的開關功能（半導體可以在半導體和導體之間來回切換！）。自一九四七年，貝爾實驗室首次發明了可以在晶片內部使用開關功能的電晶體以來，電晶體的技術迅速發展。半導體技術發展的第一階段，著重在將電晶體做得更小、得以量產。經過數百個半導體製程後，在直徑 30 公分的晶圓上製造出數百個以上的半導體晶片，且每個晶片形成數億至數十億個電晶體。半導體公司只有在晶圓上製造愈多電晶體，從而做出愈多晶片，才能降低每個晶片的成本。此外，電晶體做得愈小、愈精細，其性能就愈優異。簡言之，一家企業若具備將電晶體縮小的技術，不僅晶片價格更低廉，而且晶片效能也更好。反之，技術落後競爭對手的企業，就得面臨以更高的價格生產及效能低下的雙重痛苦。因此，我們可以說，半導體技術其實是從「將電晶體縮小」開始的，但這個過程絕非一天兩天的事。自從電晶體發明至今，開發者都致力於將電晶體做得更小、更多。

一九六五年，快捷半導體（Fairchild Semiconductor）的研究員高登・摩爾（Gordon Moore）在與〈電子學〉（Electronics）期刊的採訪中發表預測，在半導體晶片上製造的電晶體數量每年將會增加一倍。[6] 當時，這只不過是摩爾個人的觀點罷了。然而五年後，加州理工學院的卡弗・米德（Carver Mead）教授證實了摩爾的主張，並將其理論化，也就是後來我們熟悉的摩爾定律（Moore's law）。直到一九七〇年代，摩爾定律都還有效，但隨著半導體企業在電晶體的微型化方面遇到困難，加上晶片生產成本增加，集積度提高（＊編按：集積度用來描述積體電路上的電晶體數量）的速度開始逐漸變放慢。因此在一九七五年，摩爾定律從一年增加一倍，

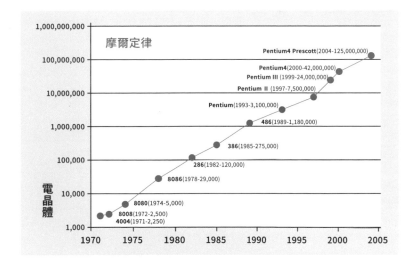

[圖 2-9] 高登・摩爾預測電晶體的數量每年將增加一倍。

---

6 FUTURE HORIZON（9），2011.06，pp.8。

被修改為兩年增加一倍。在二○○○年半導體企業面臨電晶體微型化的更大困難以前，摩爾定律其實都一直適用。但目前由於晶片生產成本不斷攀升，摩爾定律可能沒有過去那麼適用，但我們還是有必要深入了解它帶來的啟示。

從微米到奈米，半導體的進化

我偶爾會聽老一輩說，以前一碗炸醬麵只要 500 韓元（合台幣12元）。反觀現在，炸醬麵一碗基本要價5,000韓元，有些地方甚至還賣超過 1 萬韓元。一想到在過去這筆錢可以買好幾碗炸醬麵，就不禁讓人感到詫異。同理，商品在經過一段時間的通貨膨脹後，物價上漲，購買力下降。過去可以用 500 韓元買到炸醬麵或辣炒年糕，但現在的 500 韓元能買到的商品很有限。然而，半導體晶片就不一樣了。隨著時間推移，當晶片上可容納的電晶體數量愈多，電晶體的單價也會變得愈來愈便宜。過去，1 美元只能買到一個電晶體。但現在，同樣的錢卻能買得起數億個以上的電晶體（當然還是會有很多人問這樣到底好在哪裡？）。[7]

電晶體的整合在歷經開關速度加快、運算次數增加後，提高了晶片的效能。不過為了製造更多電晶體，企業就必須在增加晶片面積或縮小電晶體之間做選擇。企業會根據產品的種類，增加晶片面積以形成更多電晶體。有時候他

7　Kim, Do-Yeong。〈最新半導體製程技術〉，韓國〈電子工學會誌〉（The Magazine of the IEIE）42.1（2015）：pp.91 ～ 98。

們還會極端一點，乾脆製作一個容納超過一兆個電晶體的巨大晶片。不過大多數半導體企業為了節省成本，會選擇縮減電晶體的大小。因此，電晶體的大小從過去的微米（μm）縮小到只有奈米（nm）。

當然，這個過程絕不容易。在將電晶體從微米縮小到奈米時，出現了漏電流等超越古典物理學定律的各種問題。先前，矽原子被假定是無限排列的連續性物質，可以套用我們學生時期學過的歐姆定律（Ohm's law：該定律指出電流大小會和兩點間的電位差成正比，和電阻成反比），又或是說，其電子的行為可以在被充分預測的範圍內，進行元素的運動。而現在，為了抑制以原子單位出現的量子力學現象，我們就需要以新的元素構造為基礎，去製造晶片。

為此，電晶體從過去的平面結構進化為更複雜的三維結構，並發展出 FinFET（鰭式場效電晶體：因為負責開關功能的部分長得很像鯊魚鰭而得名）或 GAAFET（環繞閘極場效電晶體：簡單來說，意味著電子的移動通道被環繞、堆疊在多個結構中）。FinFET 和 GAAFET 的結構和原理內容說明起來較耗費篇幅，因此就不詳細解釋了，我們可以簡單理解為，負責半導體晶片內開關的區域變成了非常複雜的三維結構，導致晶片製程的難度變得非常高。如果電晶體的結構變成三維立體的話，不僅半導體製程的工序會變多，而且難度也大為提高，晶片製造商乃至設備、材料商勢必得面臨更多的難題。

這個過程其實跟蓋房子大同小異。建築物的構造愈複雜，就愈容易發生意料之外的各種問題。舉例來說，首爾的

東大門設計廣場（DDP）是世界上最大的三維不規則建築（非標準建築），而廣受矚目。而包覆在東大門設計廣場外頭的 4 萬 5133 張片鋁板，形狀不一，沒有一片是重複的。三星物產為了建造東大門設計廣場，曾向最會製造鋁板的德國和英國廠商詢問是否能供應 4 萬張形狀不一的鋁板。但這些廠商都為難地表示，不太可能將 4 萬張鋁板都做成不同形狀。最終，三星物產得到的答覆是，做出 4 萬張形狀不同的鋁板需要二十年的時間。因為這樣，東大門設計廣場曾一度陷入工程中斷的危機。這正是因為結構的設計太過複雜，而出現了讓人意想不到的困難。

同樣地，電晶體在從平面結構轉換成垂直結構、圓柱結構或層狀結構的過程中，也出現了開關功能不完整，運作電壓降低導致頻繁出現雜音和故障，以及漏電流情況沒有減少等（電流在關閉開關的狀態下持續洩漏，就等同於開關是開著的狀態！）各種預料之外的難題。電晶體結構的複雜度，也增加了製程工序和難度，甚至還需要新製程、新材料和設備。在這個過程中，加入了極紫外光（extreme ultraviolet, EUV）或原子層沉積等先進製程，因此就必須具備這些製程需要的設備、感光劑、前驅物、具高介電常數的材料等。若投入先進製程和新的材料，晶片製造的成本就會再次飆升。這樣一來，晶片的銷售競爭力也將連帶下降，從而促使工程師重新思考該如何降低成本。這就是三星電子和台積電經常面臨的困難。特別是，台積電和三星電子從二〇一七年開始，競相開發 3 奈米製程，然而一直到二〇二〇、二〇二一年，我們才得知這些企業未能達到當初的目標，

在製程開發上出現了延遲。

　　不過，儘管面臨這樣的難關，各家半導體企業仍在致力於製造愈來愈小的電晶體。而驅使他們的動力，來自於技術實力和專業知識。在微縮電晶體的過程中，除了半導體封裝廠商外，設備商、材料商都必須齊心協力才有辦法克服所面臨的挑戰。這些企業若能一同克服難關，開發新一代設備、尋找合適的材料，並製造出更精細的結構，那麼他們將享有長期在市場供應自家產品的好處。

CHAPTER

3

不懂記憶體半導體，就不能買股票

Investment
in semiconductors

主記憶體的
新世代

何謂記憶體半導體和非記憶體半導體？

　　韓國的半導體產業，一直是伴隨著記憶體半導體一起發展。由於韓國半導體產業過度集中在記憶體半導體上，經常會聽到有人說必須提高非記憶體半導體的競爭力。記憶體半導體和非記憶體半導體，從技術角度來看，是功能完全不同的半導體。從商業角度來看，兩者也具有完全不同的特性。在投資半導體產業時，記憶體半導體和非記憶體半導體需要關注的投資重點也大不相同。這是因為，雖然兩者均為半導體，但在產品的製造和銷售方式，以及開發和製造產品的企業類型上有非常大的差異。首先，我們來了解一下記憶體半導體和非記憶體半導體是什麼。

儲存資料的記憶體晶片

　　如果問「5+5等於多少？」，可能會被笑問題太簡單，

這是因為我們能夠直覺地答出「5+5=10」的答案。但，對電腦來說，運算「5+5」並不簡單。因為電腦是依靠開關，用 0 和 1 來運作的，並沒有 5 這個概念。所以如果要計算「5+5」，必須經過多次反覆運算「1+1」的過程。執行「1+1」會得到「2」（二進位 10）的臨時結果，再往上加算出「3」（二進位 11），然後重複加 1 再加 1 的過程，就可以執行「5+5」的運算。用這種方式每秒重複數十億次以上的運算，然後在短時間內算出結果。

　　雖然現在的電腦可以執行很多種功能，但最初，電腦是為了執行簡易的運算而設計的計算機。因為人們渴望找到快速完成複雜運算的方法，所以用數個電晶體組成複雜的電路，尋找能自動運算的解決方式。但是在執行加法等簡單的運算時，問題出現了。進行「5+5」的運算時，出現 2、3、4、5、6……等中間結果值，但為了接下來的運算，這些數值必須暫時儲存在電腦的某個地方。早期運算裝置雖然有加法的功能，但是並沒有儲存中間結果的功能。因此，需要一個單獨的主儲存裝置來暫存結果值。而這就是記憶體半導體的開端。電腦剛問世時，記憶體半導體還不存在，因此非半導體元件，如機械開關或計數器等就發揮了儲存的功能。但隨著 SRAM 和 DRAM 問世，半導體就攻占了記憶體的市場。

　　記憶體半導體是用來永久儲存或暫時儲存資料的半導體，會根據電力訊號將資料儲存為 0 和 1。記憶體半導體不僅引領韓國半導體業的發展，更是讓三星電子與 SK 海力士一直維持全球市占率超過 60％的法寶。不過記憶體半

導體究竟是在哪些地方，為什麼會賣得那麼好呢？未來銷售是否依然暢旺，並為三星電子及 SK 海力士創造更大的收益呢？接下來，就讓我們一起來了解，記憶體半導體的種類與各種產品的未來走向吧。

為何要用 DRAM 和
NADA 快閃記憶體？

DRAM，資料會揮發但速度超快

　　每個人一定都曾有過以下經驗：在電腦處理文書時，電腦突然自動關機，結果檔案都消失的慘劇。為了避免檔案消失的情況，可以使用檔案自動復原功能，或是按「Ctrl+S」手動存檔。這就是為什麼大家都說要養成按「Ctrl+S」儲存的習慣。但這裡有個疑問，為何只要電腦關機，作業內容就會消失呢？

　　打字輸入的新內容全部都會被即時儲存在電腦的某個地方。但當下電腦不會永久儲存，而是會先「暫時」儲存在像 DRAM（動態隨機存取記憶體）這樣的揮發性記憶體半導體裡面。待輸入到一個段落後，必須另外執行儲存功能，資料才會從 DRAM 轉到 SSD（固態硬碟）或硬碟這種非揮發性記憶體裡，以便永久儲存（補充說明，硬碟與 SSD 不同，並不是半導體！），揮發性記憶體半導體是指，只有在供給電流時，資料才會被暫時儲存的記憶體半導體。電腦關機後，所有儲存的資料便會被刪除。但問題又來了。打字的時候，

可以直接存在非揮發性記憶體裡就好，為何一定要先存在揮發性記憶體裡，按下儲存鍵後才能被存在非揮發性記憶體裡呢？

最根本的原因，還是在於非揮發性記憶體的運作速度較慢，必須和揮發性記憶體一起使用，電子設備的運作才會變快，也才會更有效率。SSD 和硬碟的讀寫速度慢，連接到 CPU 時，不管 CPU 處理再怎麼快，但因為資料的輸入輸出變慢，整體的運算速度也會跟著降低。相反地，DRAM 等揮發性記憶體半導體相較非揮發性記憶體，資料讀寫速度快上數千倍、數萬倍以上，與 CPU 連接時，運作速度自然就更快。此外，在打字時如果每次都用非揮發性記憶體儲存資料的話，那麼在反覆寫入和抹除資料時，資料就會被分散儲存於記憶體內，這會讓載入速度變慢。而且非揮發性記憶體的產品壽命較短，頻繁地寫入和抹除會大幅縮短儲存裝置的壽命，讓資料無法被長久保存。因此，電腦不會直接將輸入的內容儲存在非揮發性記憶體裡，而是先儲存在揮發性記憶體裡。

執行遊戲、容量大的檔案或是 Photoshop 時，載入畫面會跑很久，也是因為使用揮發性記憶體的緣故。因為非揮發性記憶體速度慢，會導致 CPU 的運算延遲，所以會藉由載入的過程將資料先載入 DRAM 等揮發性記憶體當中。揮發性記憶體就好比是料理時的砧板。如果用燉湯來舉例，每加一樣食材的時候，不會每次都打開冰箱拿出食材，然後切好再放進去。而是會先把豆腐、櫛瓜等需要的食材全部放在砧板上，切好放著之後，等水滾了再抓放食材的時

機。我們在電腦螢幕上所看到的眾多資料，都是載入揮發性記憶體裡的，也就是「砧板上」的資料。

那麼，你可能會說，為何不使用速度快且能永久儲存資料的半導體就好了？這句話雖然也沒錯，但是，研發人員儘管努力地開發半導體，仍然沒辦法開發出比 DRAM 還快，且能永久儲存資料的記憶體晶片。研發人員藉由 PRAM（相變化隨機存取記憶體）或 MRAM（磁阻式隨機存取記憶體）等新型半導體不斷努力嘗試當中。但這些半導體研究仍然處於初期階段，反觀 DRAM 等揮發性記憶體的技術一直持續發展，所以目前市面上還找不到比它更快且能永久儲存資料的產品。事實上，DRAM 經常被冠上「商用的記憶體中，速度最快，且無法取代」的稱號。

NAND 快閃記憶體，速度慢，但資料可永久儲存

與 DRAM 不同，NAND 快閃記憶體（NAND flash）屬於非揮發性記憶體半導體，它的大小跟一本小書一樣，是廣泛使用的資料儲存裝置；但因為利用磁性儲存資料的方式，所以遇到了技術發展的瓶頸，因此，比硬碟更快、更小、更輕，且只有指甲大小的 NAND 快閃記憶體就開始逐漸取代硬碟了。NAND 快閃記憶體很難在電腦上獨立安裝使用，主要是以名為 SSD 固態硬碟的成品型態安裝在電腦、筆電等裝置上。過去的筆電都安裝硬碟，所以都非常厚而笨重。但近期上市的筆電，基本上都搭載 SSD，所以都出奇的輕巧。

起初，NAND 快閃記憶體的市場，是隨著 MP3 等小型行

動裝置的發展一起成長過來的。用隨身聽播放卡帶的時代，在蘋果和艾利和（IRIVER）等企業推出 MP3 之時，就預告了卡帶的沒落。MP3 不僅輕巧，還可以儲存更多音樂並隨時編輯。得益於這些優點，MP3 在短時間內就流行了起來。而這些變化的背後，則是因為引進了 NAND 快閃記憶體。

二〇〇〇年初，只有三星電子和東芝（Toshiba）兩家 NAND 快閃記憶體製造商，由他們大量供應 MP3、數位相機、USB 用的 NAND 快閃記憶體。當時，這麼輕巧的儲存裝置除了上述所提的 NAND 快閃記憶體之外，就只有 NOR 快閃記憶體（NOR Flash）（後面會再詳細說明！），因此 NAND 快閃記憶體的需求開始呈現爆發式增長。但因製造程序有缺失，產量有限的 NAND 快閃記憶體在需求暴增的情況下，供給量卻只有 50%。雖然許多人批評它壽命過短、無法成為主流，卻依然阻擋不了 NAND 快閃記憶體的銷售額快速成長。三星會長李健熙則以 NAND 快閃記憶體市場的快速成長為契機，二〇〇三年宣布將藉由快閃記憶體實現第二次大躍進，三星電子最終超越了最大勁敵東芝和 NOR 快閃記憶體陣營，晉升為快閃記憶體領域最強的企業。NAND 快閃記憶體這種雖能永久儲存資料，但價格極為高昂的記憶體半導體，以小型行動裝置為主，開始廣泛應用。同時，隨著製造工序不斷進步、價格持續下降，NAND 快閃記憶體最終取代了硬碟一直以來，身為儲存裝置王者的地位，在速度更快且資料可以永久儲存的新一代記憶體半導體出現前，NAND 快閃記憶體應該會一直獨占鰲頭。

高技術門檻，鞏固了 DRAM 的市場壟斷結構

　　DRAM 產業，由三星電子、SK 海力士和美光科技三強鼎立，形成了極高的進入門檻。DRAM 的製造技術已經發展了很長一段時間，因此比 NAND 快閃記憶體更難製造，後進者也很難追趕上。這是個即便投入再多資金，只要沒有龐大的專業人才和數十年以上的經驗，就幾乎無法進入的領域。因此，韓國和美國至今獨占全球約 95％ 的市場。相反地，NAND 快閃記憶體市場因起步較晚，目前技術門檻相對較低。因此，截至二〇二一年初，三星電子、東芝、威騰（Western Digital Corporation）、英特爾、美光科技、SK 海力士形成六強的局面平分市場。到了二〇二一年底，SK 海力士收購英特爾 NAND 快閃記憶體業務，便形成了五強的局面。但隨著記憶體半導體大容量化，NAND 快閃記憶體構造愈發複雜，製造技術發展快速，使得進入門檻變得愈來愈高。雖然目前因技術門檻相對較低，因此 NAND 快閃記憶體製造商比 DRAM 製造商來得多。但未來若技術門檻持續提高，且以膽小鬼賽局的方式來調整結構的話，NAND 快閃記憶體就會變得像 DRAM，壟斷的現象會變得更加嚴重。在結構調整的過程中，NAND 快閃記憶體製造商因為遭淘汰或被收購而減少的話，意味著剩下生存下來的廠商就能透過壟斷市場來提高獲利。這也會成為它們在股市中更被看好的原因。

DRAM 是
記憶體產業主力
的原因

DRAM，存在於任何儲存資料的地方

　　DRAM 是揮發性記憶體最具代表性的產品，引領著韓國半導體產業發展。說 DRAM 運用在所有儲存資料的空間也毫不為過。除了電腦、筆電、智慧型手機之外，還有儲存大量資料的資料中心或雲端，以及處理大量資料的顯示卡和車用半導體，都一定會搭載 DRAM。因為不管使用在什麼地方，永久儲存資料的非揮發性記憶體速度較慢，在傳輸到運算處理器的過程中，勢必需要速度較快的 DRAM。

　　目前電腦的主記憶體雖然以 DRAM 為主，不過還是有種速度比 DRAM 更快的記憶體半導體 SRAM（靜態隨機存取記憶體）。SRAM 的耗能甚至比 DRAM 還低；但若 SRAM 要儲存資料的話，必須以多達六個電晶體構成的鎖存器（Latch）形式來運作。相反地，DRAM 則由具開關功能的

電晶體，和一個儲存數據的電容器（Capacitor）組成，結構比 SRAM 更簡單。由於 SRAM 的結構較為複雜，需要的空間當然就更大，這就成為半導體廠商在擴充晶片容量時面臨的難題，且單位容量價格也明顯比 DRAM 高，競爭力自然就下降了。即便速度再怎麼重要，如果沒有價格支撐，普及化的進程也必然會受到限制。由此可見，在半導體晶片製造方面，不只效能，市場性和產能也非常重要。總之，這就是大容量揮發性記憶體以 DRAM 為主流達到普及化，而非以 SRAM 為主的原因。

SRAM，以速度優勢在 DRAM 的夾縫中生存

雖然揮發性記憶體半導體市場以 DRAM 為主，但不知不覺中，SRAM 也開始廣為使用。電腦和智慧型手機的運算處理器 CPU 基本上也有內建 SRAM。運算處理器會將下個運算中需要輸入的資料儲存在揮發性記憶體裡，在運算處理器發展初期，這種記憶體單純由一個記憶體晶片組成。

但在進入一九八〇年代後，隨著運算處理器的效能逐漸提升，資料處理速度也變得非常快，因此記憶體的資料處理速度和落差被拉得更大了。為了要克服這個差距，記憶體的結構也變得更複雜。在這個過程中，不管是高效能的 CPU 還是低階運算晶片，都使用數個揮發性記憶體，這些揮發性記憶體從就近處理運算處理器資料的記憶體，依序到最遠的記憶體，分成不同的層次結構。通常，從距離

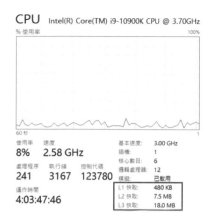

[圖 3-1] 在 Windows 工作管理員右下方可以找到快取資訊，請參考紅色框框部分。

運算處理器，由近到遠分成 L1、L2、L3 快取，必要時也會用到 L0 快取。

一般來說，離 CPU 最近的快取是由 SRAM 處理而不是 DRAM。隨著 IT 技術的進步，DRAM 容量也持續增加。但卻還是存在速度比 SRAM 慢的限制，且會因容量過大，出現 CPU 在讀取資料時需要搜尋的範圍太大的問題。因此，為了縮小 CPU 和記憶體的資料處理速度的落差，就開始在 CPU 附近同時搭載速度更快、容量更小又有層次結構的 SRAM。SRAM 主要在 CPU 製造商製造 CPU 的過程中一起設計，並與 CPU 一起製造。CPU 製造商們除了展開提高 CPU 運算速度的競爭之外，也暗中針對 SRAM 效能提升一爭高下。透過 Windows 工作管理員，可以確認電腦的 CPU 使用何種等級的快取記憶體。

DRAM 的競爭力
來自哪裡？

電容器，是讓 DRAM 獨霸市場的支柱

　　二十年前，DRAM 市場依然是個眾多廠商激烈競爭的領域。但從英特爾開始，隨著東芝、日本電氣（NEC Corporation）、日立等市場上主要的廠商在競爭中一個個遭淘汰之後，DRAM 市場形成了現在的三強鼎立局面。像這樣退出 DRAM 市場的廠商不在少數，而且實際上，幾乎沒有任何新公司進入市場。此外，中國也一直試圖攻入 DRAM 市場，媒體也紛紛報導此舉將為韓國企業帶來威脅。但幾年後的現在，韓國企業不僅沒受到威脅，甚至沒有任何競爭者出現，更加鞏固了三強的主導力。

　　DRAM 是個進入門檻極高的領域。當產品售價大幅上漲，製造商開始獲得豐厚利潤時，就一定會有想要圖利的競爭者出現，這就是市場的邏輯。但在 DRAM 市場上，卻一直由三間公司獨占數兆韓元的利潤，且幾乎看不到新的競爭者加入市場。實際上，DRAM 是新競爭者非常難以進入的領域。其中的原因不只一兩個，但最大的主因，是因

為 DRAM 的電容器大大提升了這個領域的門檻。

DRAM 和 NAND 快閃記憶體做成晶片的過程中，都分別有各自的製造程序。其中，DRAM 與其他半導體晶片不同，在製造程序中，必須經過製造晶片內名為「電容器」這種特殊結構的過程。但是這種工序非常困難。雖然製作晶片內形狀特殊的元件也相當不容易，不過這個工序需要動用的新材料之龐大，讓它甚至被稱為「先進材料大集合」，唯有獨到技術與經驗豐富的半導體製造商才做得出來。

拆開電腦、冰箱、微波爐等生活中的大小家電，會發現布滿電路的電路板占據了產品部分內部空間。仔細觀察電路板會發現，圓筒形的電容器連接在電路上。電容器會在短至數秒的時間內儲存電荷，再釋放。而電池的充電與放電需要幾小時，與充電、放電速度極快的電容器有著明顯的不同。電容器在 DRAM 中扮演著非常重要的角色。DRAM 藉由在電容器內累積儲存電荷，來儲存 0 和 1 的資料。電容器的構造，是在兩個金屬間放上絕緣體。如果隔著絕緣體向兩端金屬施加電壓，「＋」和「－」就會排列在導體和絕緣體的表面。由於絕緣體會出現電極化現象，因此也被稱為介電質。電極化現象會瞬間發生並隨之消失，讓 DRAM 變成高速記憶體。

DRAM 的發展和伴隨著電容器的發展

當電子設備要明確區分 1 和 0 的訊號，電容器內就必

須有夠多的電荷。如果累積的電荷不夠多，1 和 0 的區分就會變得模糊，進而導致 DRAM 的效能變低。因此，電容器被認為是製造 DRAM 時最重要的材料。隨著 DRAM 的效能愈來愈高，組成電容器的材料也不斷地改變。事實上，三星電子、SK 海力士和美光科技等三大 DRAM 廠商，在實現高規格電容器的過程中經歷了非常多困難，至今依然十分努力地提高電容器的效能。

隨著時間推移，半導體逐漸微型化，體積也跟著變小，DRAM 的主要元件電容器的體積也會隨著半導體的微型化跟著縮小。電容器的體積愈小，電極化現象發生的表面積也會愈小，以至於無法儲存夠多的電子。因此，為了在維持相同表面積的同時又能實現微型化，電容器從單一圓柱形，發展到雙層圓柱形，並引進得以儲存更多電荷的介電質材料。但是，一旦形狀和材料改變，必然會帶來不同的挑戰。

絕緣體指的是不傳導電流的物質，但是隨著組成電容器的絕緣體材料改變，會產生微小的漏電流（leakage current），導致無法絕緣的問題持續發生，讓電容器不能正常發揮儲存電荷功能。因此為了將漏電流的情況降到最低，透過堆疊多種絕緣體的方式，取代原先只用一種絕緣體組成電容器。但是堆疊各種材料去製造的話，絕緣體又會再次變厚，讓電容器的小型化難上加難。

不僅如此，在原子單位的微小空間裡，將不同的物質鍵合是非常重要的變數。如果改變材料的種類，材料和金屬接合部分的環境會發生巨大的改變。在這個過程中，電

容器的特性可能會變得完全不同，或發生無法正常運作的狀況。在無數個原子結合的空間裡，如果有一部分的原子沒有填補位置而導致形成空隙，或是兩種物質間電結合的特性不理想的話，那麼要更換的不只是一種材料，而是必須連周邊接合的材料也要一起更換。另外，如果材料改變，製作材料的方法和構成材料的原料也會改變，而這就等同於要再重新開發一次電容器。這也是讓工程開發人員不斷加班的原因之一。

這種惡性循環不斷重演，而終結這種反覆的惡性循環，就變成了 DRAM 研發人員的最大任務了。說 DRAM 的技術與電容器同時發展，也不為過。隨著半導體逐漸微型化，製造電容器的方法也逐漸變少，研究團隊正在不斷地測試新的材料和結構，來開發能儲存足夠多電荷的電容器。因此，目前正大量研究各種先進新材料，並為商業化做好準備。

電容器無法長時間儲存電荷，因為電荷在不到 1 秒的極短時間內就會全部消失。為了防止發生這種情況，DRAM 不斷地向電容器施加新的電壓，這正是每隔幾毫秒（ms）就發出新訊號的更新（refresh）作業。另外，也要研發出讓儲存在電容器內的電荷盡可能維持的方法。儲存在電容器內的電荷，會透過接觸物質洩漏到 DRAM 結構內的某處。DRAM 的研發人員必須透過改善材料和 DRAM 的構造，來解決這些問題。

這種電容器製造技術，是以各種材料技術和長期製造程序的經驗為基礎。材料技術和製程經驗，需要投入很長

的時間進行研究開發才能得到結果。也就是說，即使投入大量資金，但若沒有充分的時間去進行研發，就很難開花結果。因為這樣，DRAM 的進入門檻不斷提高，包括中國在內的新廠商都無法進入市場，DRAM 市場依然維持在三強鼎立的局面。這種競爭壁壘很可能會持續到未來的 DRAM（隨著時間推移，電容器的型態會不一樣，或是完全不需要電容器的 3D DRAM 等新品將問世！現有的三大企業為了開發這些技術和材料，已經投資了很長一段時間）而且門檻會愈來愈高，不過，現有的三大企業也面臨了突破更為困難的技術障礙的挑戰。

DRAM 帶來
新的投資機會

技術革新，創造新的投資機會

　　產業內的技術變革，必然伴隨著新的投資機會或新的風險。接下來，就讓我們一起探討，這些年來 DRAM 帶來了哪些機會。

　　談到 DRAM，最重要的就是可高速運作的效能。因此，必須要能夠一次傳送大量的資料。此外，為了儲存更多資料，也需要增加 DRAM 本身的容量。可以說，電腦、智慧型手機、伺服器等需要 DRAM 的電子產品效能，也隨著 DRAM 的發展而大幅提升。

　　DRAM 不只一種。DRAM 問世後，隨著時代變遷、晶片運作方式、用途的不同，發展出各種不同的型態。DRAM 晶片通常是以模組的方式安裝在 PCB（印刷電路板）上，而不是單獨使用。DRAM 最常用在電腦的 RAM 上。前面簡單說明了 DRAM 以及 NAND 快閃記憶體的用途，DRAM 一般是做成「記憶體模組」，運用在 RAM 上。根據桌機、筆電、伺服器、印表機等使用場域的不同，晶片和

[圖 3-2] 三星電子將多個 DRAM 晶片安裝在印刷電路板（PCB）上，直接生產隨機存取記憶體（RAM）。

PCB 的規格也有所不同。以用於伺服器的 RAM 為例，它非常重視可靠性，與普通桌機不同，為了修正錯誤，會事先在伺服器記憶體裡安裝訊號處理佈線。

每種類型的 DRAM，在啟動方式、與 PCB 基板交換訊號的方式、基板的結構等都需要標準化。規格化以國際上協議的標準作為規範，根據市場需求再新增其他不同的規格。其中最典型的是 DDR（Double Data Rate）。DDR 是為了在桌機和筆電引進 RAM 而制定，一九八八年成功開發以後，於二〇〇〇年首次引進。這個規格是由 JEDEC（固態技術協會）決定，協會由三星電子、SK 海力士、美光科技公司等各個主導 DRAM 技術及市場的企業組成。DDR 分為半導體晶片規格以及晶片安裝模組規範。

DRAM 的世代發展，讓半導體市場大洗牌

生活中的產品和服務中，經常會看到用數字去強調世代的說法。像是 3G 通訊、LTE 4G 通訊、5G 通訊、6G 通

訊等都是世代的描述。好比新上市的 iPad，推出第一代之後、又有了第二代，之後接著推出第三代和第四代的新產品。每當產品或服務有了新發展時，經常會用「第幾代」來形容，隨著一代一代地提升，其效能和功能也跟著愈來愈好。而在 DDR 記憶體也有世代之分。從第一代 DDR 開始，一直到 DDR2、DDR3、DDR4，每一次的技術進步，後面的數字就會跟著改變。通常每進步一代，傳輸速度與容量就會比前一代提升兩倍之多。

二○二○年的半導體市場有個熱門話題，就是 DDR5 的誕生。DDR4 於二○一二年完成標準制定，隨後逐步引進半導體產業。而 DDR4 的下一代 —— DDR5，技術規格在二○二○年七月公開。每當公開新一代 DDR 規格，DRAM 製造商就會逐步擴大生產新規格的產品。公開規格的第一年，為了展現新技術，多以原型型態生產，隔年開始著重於生產用在伺服器等高規格的產品。大約過了兩年後，生產規格擴大到可用於一般桌機，當新款 DRAM 的生產比重持續增加，消費者也大約從此開始嘗試新規格的產品。通常在公布後的四～五年，比起既有的 DDR 規格，新規格的 DDR 產品生產比重會逐漸提高。

新規格的產品剛上市時，價格非常高昂。DRAM 製造商必然希望能快速回收鉅額的投資費用，但在初期階段，收益率低且產量也不多。相反地，若先將目標市場放在高規格產品，製造出需求，即便日後以高單價推出新產品，也較能輕易地銷售出去。然而，不能永遠只以高規格市場作為銷售重點，而是要連帶地慢慢擴大至一般桌機市場。

所幸在持續生產 DRAM 的情況下，需求增加、製造程序逐漸穩定，生產成本也隨之下降。另外，DRAM 規格改變的同時，CPU 也必須與新規格的 DRAM 相容。通常在確立新規格的兩年後，可以與新型 DRAM 相容的 CPU 也會開始積極推上市。此時，一般消費者的供給與需求也會漸漸地與日俱增。

DDR 的效能並不是只有在進入新一代規格時，才提升。就像 USB 的規格是經過了 3.0、3.1、3.2，才提升到 4.0版本；4G 通訊網路也是經過 LTE 和 LTE-A 之後，才走到5G。DDR 同樣也是在 DDR4、DDR5 的規格中持續研發、提升效能。在科技的逐步發展之下，用於製造晶片的材料種類也日新月異，而科技的遽變總是在世代變遷時發生（新的投資機會當然也在這個時候急速增加！）。這是因為隨著規格變更，晶片與模組的外型以及運作方式會跟著改變，嵌入晶片的封裝基板和 RAM 模組的 PCB 也是如此。因此像信泰電子（SIMMTECH）這樣的 PCB 產業鏈會針對新規格推出收益性更高的產品。基於這些原因，被市場淘汰的 RAM 並不會被安裝在新款電腦上。

規格更新後，製程中使用的部分設備當然也要一起更換。DRAM 的設備投資規模大，且生產週期相較偏長，因此多數的生產設備會因世代變遷而替換的趨勢。特別是在晶片外型產生巨大變化下，在後端製程中就經常需要更換設備，在這個過程中，也會追加其他必要的設備或零件。由於 DDR5 運作時的電壓比 DDR4 低，為了解決主機板接收電力的過程中出現的資料處理錯誤，在 RAM 的 PCB 上

嵌入了電源管理 IC（PMIC）。另外，安裝 PMIC 時，電子訊號中必定會帶有雜音，為了盡可能將問題最小化，須另外嵌入電容器和電感器等被動元件。

當新世代的 DRAM 規格成為主流，人們想更換更高效能產品的需求就會大幅增長。對於想體驗高規格遊戲，又或是想更快速完成影片編輯的內容創作者而言，聽到升級版的產品即將上市的消息，絕對無法抵擋這般誘惑。為了等新一代 RAM 上市而延後購買新電腦的需求非常龐大，再加上想盡快引進高效能半導體進而提升資料中心效率的驚人需求，讓整個市場的需求量爆增。

iPhone 或 Galaxy 等智慧型手機為了強化自家產品的競爭力，只要新規格的 DRAM 一上市，就會努力將該技術運用在產品上（後面會再詳細提到，這些公司使用的是 LPDDR 而不是 DDR）。多虧了這種換機需求，即便半導體產業不特別去挖掘新需求，也能自然而然地促進產品銷售，再加上記憶體業的升級趨勢，就會考慮追加設備投資。DRAM 價值鏈下的企業也會因此受益（如同上述，特別是後端製程的企業可獲得相當大的利益）。

行動裝置中的 DRAM
與桌機用 DRAM 一樣嗎？

桌機、筆電與智慧型手機

　　新一代 DDR 的引進，創造了設備更換需求與零組件需求，這在股市也是一大熱門話題。實際上，只要一傳出 DDR5 推出的消息，就會有各種疑問排山倒海而來。像是會因 DDR5 而產生何種變化、有哪些企業屬於該供應鏈，或是更直接地問有哪些企業會因此而受益。

　　但 DRAM 帶來的變化可不僅限於桌機和筆電。當 DDR 的發展著重於桌機及筆電，電腦的運作速度開始變快，且能同時處理更多的作業。然而，隨著圍繞智慧型手機的行動時代到來，對 DRAM 的規格也有了新的要求。因為電池技術尚未發展成熟，必須降低搭載在行動裝置上的部分零件耗電量。面對不斷成長的行動市場，半導體業者依然得針對市場持續銷售產品，因此，就必須降低不斷讀寫資料的 DRAM 的功耗了。因此，需要適合在低功率下使用的全新 DRAM。在此情況下，新的規格誕生了，那就是 LPDDR（Low Power DDR）。若比較 LPDDR 跟 DDR，會發現一些不

同之處。為了在有限的電池容量下順利運作，所以將重點放在低功耗的設計上。當然，也不可因此而忽略高效能。當行動裝置的效能不斷提升，對於兼顧高效能化和低功耗化的要求，只會愈來愈高。

　　三星電子和蘋果會在定期舉辦的產品發表會上，介紹智慧型手機的高解析度顯示器（螢幕）。每次新推出的產品都會搭載更高解析度的顯示器，並強調畫質優越的特點。然而，為了讓行動裝置能夠處理更高解析度的作業，DRAM 也必須能接收更多的資料。乍看之下，可能會認為顯示器與 DRAM 是毫無關連的零件，但對於 DRAM 的開發工程師而言，提高螢幕的解析度，就代表著必須開發高頻寬記憶體（high bandwidth memory）。

行動裝置上 DRAM 的目標，是高效能與低耗能

　　DRAM 的效能與耗電量，兩者魚與熊掌不可兼得（trade off，想得到 A，就必須捨棄掉 B 的關係）。因此，想同時提升兩者並不簡單。在盡可能地維持效能的同時，降低耗電量的辦法之一，是降低晶片的電壓。然而，改變電壓代表工序精細化。電壓代表著訊號的強度，當強度降低，在訊號處理上，發生錯誤的機率就會增加。因此，除了降低電壓的方法以外，還需要動員各種電路設計巧思。比方透過訊號傳輸的通路多樣化，縮短資料傳輸的距離以節約耗電，或改變運作時單次運轉的單元數等方式。

　　此外，DRAM 的刷新（refresh）是透過施加電壓以重新

儲存電荷，因此功耗是難以避免的。然而，LPDDR 則引進了延長刷新週期的方法。由於電容器內部儲存的電荷流失速度和溫度成正比。因此，LPDDR 將引進時時刻刻都在蒐集溫度資訊，並依據溫度變化改變刷新率的技術。

[圖 3-3] 三星電子的 LPDDR 晶片組。

　　除了 DDR 和 LPDDR 以外，還有其他多種 DRAM 的規格。像是輔助圖像處理晶片 GPU（Graphics Processing Unit）的 DRAM，其技術便會遵循 GDDR 的規格。LPDDR 將重點放在低功耗和提高效能，GDDR 則是強調大幅提高顯示卡效能。估計今後將會以 HBM（High Bandwidth Memory）等新規格為基礎，高效能 GPU 市場將會持續擴大，且以更低廉的價格和單純的生產工序為主，一般桌機用顯示卡的市場也將持續改朝換代。

　　很顯然地，規格的改變對經營相關產業的公司而言，也是一個新的機會。信泰電子的子公司—— SIMMTECH GRAPHICS，在二〇一九年以後擺脫長時間的經營不善問題，透過供應用於 GDDR 的新零件（封裝所需要的基板）讓公司起死回生。

DDR、LPDDR、GDDR 之間的特點，在於晶片內部結構或運作演算法不同，因此需要個別的設計圖，但基本的製造程序和運作原理大同小異。負責掌握這些設計上差異，就是專家們的工作。以 DRAM 工程師為中心，各領域的專家都為了研發出最好的晶片而各司其職。

NOR 快閃記憶體（NOR Flash）
產業為何被淘汰？

NAND 快閃記憶體容量大，NOR 快閃記憶體速度快

　　DRAM 是一九八〇年代至今，讓韓國半導體產業崛起的主力產品。而 NAND 快閃記憶體約於二〇〇〇年代才開始擴張半導體市場，比 DRAM 晚成為業內熱門的主力產品。很多人以 NAND 快閃記憶體的製造技術複雜為由，反而更加著重於 DRAM。但是分析韓國半導體產業的上市公司以後，會發現不少企業並非單靠 DRAM 來獲利，也很依賴 NAND 快閃記憶體的業績貢獻。

　　NAND 快閃記憶體透過將電子鎖起來以儲存資料，與 DRAM 電容器不同，是電子無法逃脫的非揮發性記憶體。像這種儲存電子的空間，我們稱之為儲存單元（cell）。而將資料永久儲存的是另一個記憶體半導體—— NOR 快閃記憶體。NAND 快閃記憶體和 NOR 快閃記憶體通稱為「快閃記憶體」。

　　NAND 快閃記憶體中，儲存電子的數個儲存單元，有著一整排的串聯結構；而 NOR 快閃記憶體的儲存單元則是分

開的，所以是平行運作。因此，當 NAND 快閃記憶體想存取特定儲存單元的資料，必須同時向多個儲存單元施加電子訊號，再依次讀取資料。這並不是像在大賣場的冷凍櫃，只要選好想要的冰淇淋後，把冰淇淋拿出來就行了，而是先將所有的冰淇淋都拿出來，挑選出自己想要的口味，再把剩下的放回去。這就是為什麼 NAND 快閃記憶體的資料讀取速度較慢的原因。相反地，NOR 快閃記憶體可準確指定特定的儲存單元，訊號通過後，可以快速地讀寫並獲取需要的資料。也因此，若從非專家的角度來看，反而會認為 NOR 快閃記憶體是更加優秀的快閃記憶體。

但是，NAND 快閃記憶體傳輸電子訊號的配線數量，比 NOR 快閃記憶體少很多。NAND 快閃記憶體可以利用單一配線來傳遞多個元件的訊號，NOR 快閃記憶體卻需要在每個元件上一一裝設配線。NAND 快閃記憶體在集積度方面上十分有利，因此可大幅度地擴大容量。

這就是三星電子和東芝發現市場對超大容量需求後，

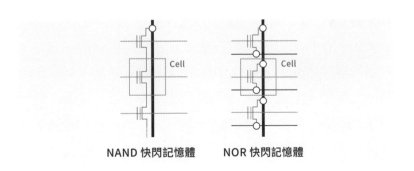

NAND 快閃記憶體　　**NOR 快閃記憶體**

[圖 3-4] NAND 快閃記憶體的配線結構比 NOR 快閃記憶體簡單，因此在集積度方面更有優勢。

擊敗了 NOR 快閃記憶體競爭對手，最終成為快閃記憶體市場龍頭的原因。

NAND 快閃記憶體，以超大容量攻下快閃記憶體市場

一直到二〇〇〇年前後，都還沒辦法預測未來的快閃記憶體市場將由 NAND 快閃記憶體主導。二〇〇〇年代初期販售的手機有 90% 以上都是搭載 NOR 快閃記憶體，當時由英特爾、超微半導體（AMD）和富士通（Fujitsu）合資創立的飛索半導體（Spansion）以及來自瑞士的意法半導體（STMicroelectronics）主導整個 NOR 快閃記憶體市場。雖然這些 NOR 快閃記憶體陣營，也曾認為 NAND 快閃記憶體是具有威脅性的競爭產品，但判斷當時商用化的 NAND 快閃記憶體產品壽命非常短，不會成為主流。

然而，相比起速度，市場對於超大容量的需求比想像中還要強勁，再加上 NAND 快閃記憶體產品壽命短的問題，除了透過技術發展找到解決方法，也因為擴增容量而得到改善。儲存單元的壽命決定於資料寫入及抹除的頻率。然而，隨著 NAND 快閃記憶體的容量變大，資料可分散、儲存至更多的儲存單元裡，減少了每個儲存單元的寫入和抹除次數，也延長了產品的使用期限。以集積度最大化為基礎，容量大幅提升之後，也自然而然地解決了產品使用年限的疑慮。NAND 快閃記憶體以更大的容量，輕鬆延長了產品的生命週期，NOR 快閃記憶體的優勢也跟著迅速消失。最終，快閃記憶體的市場改由 NAND 快閃記憶體主導，NOR 快閃

記憶體，幾乎可說是從記憶體半導體產業中銷聲匿跡。

　　快閃記憶體刪除資料的速度很慢，它是透過將電子鎖在控制閘極（Control Gate）與浮動閘極（Floating Gate）中來儲存資料，再次取出其電子的過程需花費微秒（μs）至毫秒（ms）的時間。快閃記憶體本身的刪除速度就很慢了，有時為了寫出新資料，需要同時刪除不必要的既有資料。所以說，在現有資料上覆蓋上新的資料需要花費很長的時間，因此在接收新資料之前，每隔一定週期會以一個位元或是一個 page 為單位，一次刪除多個單元的資料。

　　這使得快閃記憶體的資料管理變得非常複雜，即便只想刪除記憶體中第一頁當中的部分資料，卻不能選擇性地刪除資料，而是要先將要留下的資料先複製到其他頁面，再將第一頁全部刪除。但是 NAND 快閃記憶體的儲存裝置與硬碟不同，不用磁碟重組，而是會定期執行清除工作，以清空記憶體內特定區域。

　　NAND 快閃記憶體和 NOR 快閃記憶體，全都是東芝提出的概念。然而，NOR 快閃記憶體，最初是由英特爾在一九八八年完成了商用化；NAND 快閃記憶體則是在一九八九年由東芝研發、問世。[8] 在那之後，NAND 快閃記憶體成為了電子產品的核心儲存裝置。相較之下，NOR 快閃記憶體由於難以提高其集積度，且價格高昂，因此僅能用於部分嵌入式系統。雖然 NAND 快閃記憶體是在

8　IEEE Spectrum, Chip Hall of Fame: Toshiba NAND Flash Memory, https://spectrum.ieee.org/tech-history/silicon-revolution/chip-hall-of-fame-toshiba-nand-flash-memory.

東芝的主導之下，開啟了整個市場，但之後三星在生產DRAM 等產品時，累積了一定的經驗且擁有足夠的設備資產，現在三星領先東芝，主導著 NAND 快閃記憶體的技術發展。

NAND 快閃記憶體，基於結構簡單的特點和特有的運作方式以及垂直堆疊元件，發展成超大容量的 3D NAND 快閃記憶體。可以想像成從低矮樓房變成高樓大廈，隨著建物升高，居住空間也跟著變大。比起在晶圓上製作微小的晶片，能夠垂直堆放更多晶片的企業更有利於降低成本，進而抓住獲利的機會。另外，為了製造 3D NAND 快閃記憶體，必須提升設備以及材料的技術。隨著層數增加，裝備和材料的技術也發展得非常快。為此，科林研發開發出其他公司無法企及的設備，而 Soulbrain 與 LTCAM 也透過新的蝕刻材料找到企業成長的動力。由此可看出，在 3D NAND 快閃記憶體的結構變化下，不少新型企業因此受惠。

繼 3D NAND 快閃記憶體之後，4D NAND 快閃記憶體也跟著問世。基本上，4D NAND 快閃記憶體與 3D NAND快閃記憶體差不多，不太一樣的地方在於，3D NAND 快閃記憶體是將用來處理訊號的電路（peri）放在晶片的獨立區域，所以比較占空間。而 4D NAND 快閃記憶體則是將過去放在儲存單元（cell）旁的周邊電路，改放到儲存單元下方，大幅減少占用空間。這就好比，舊式公寓的停車場是建在外面，但新式大樓則是將停車場建在地下以節省空間。

低技術門檻導致的激烈市場競爭，反而帶來投資機會？

目前，NAND 快閃記憶體的市場競爭仍比 DRAM 產業還要激烈，這是因為技術門檻比 DRAM 低。東芝和威騰電子共同開發與生產 NAND 快閃記憶體，目前保持著市場前段班的地位。美光科技則是透過與英特爾共同及獨立開發，成為了市場領頭羊。另外，原先 SK 海力士在 NAND 快閃記憶體的市占率微乎其微，然而，在二〇二〇年決定收購英特爾的部分 NAND 快閃記憶體部門後，很快就在市場上鞏固自身地位。

特別是英特爾使用的材料及製造程序不同於三星和 SK 海力士，不僅穩定性高，且有利於滿足伺服器相關市場需求。對此，SK 海力士透過收購英特爾，增加了產品組合多樣化的優勢。此外，中國曾以「半導體崛起」為目標，投資創立了長江存儲（YMTC）等企業以進入半導體市場，然而，由於財政上的困難，再次證明了踏入半導體市場絕非易事。

NAND 快閃記憶體市場的激烈競爭，對於三星與 SK 海力士來說，固然是壞消息。但對於 NAND 快閃記憶體設備及材料的供應商來說，在一定時間內，反而有利。這是因為在產業龍頭之間的膽小鬼賽局加持之下，擴大設備投資、產能快速成長，材料的供給也持續增長。總之，只有當三星和 SK 海力士掌握 NAND 快閃記憶體市場的霸權，韓國的相關企業才能長期擁有投資吸引力。但仍然不能忘記，膽小鬼遊戲會為部分價值鏈帶來活躍的投資機會。

夾在三星電子和
SK 海力士之間
生存下來的濟州半導體

濟州島最大的出口產品竟然不是柑橘，而是半導體？

　　仔細觀察韓國的上市公司，會發現濟州半導體（Jeju Semiconductor）這家公司不時映入眼簾。濟州島令人熟悉的印象，再加上半導體給人的艱澀觀感，不免讓人好奇，這究竟是間什麼樣的公司。濟州半導體的主力產品是記憶體晶片，主要產品包含 DRAM 和 NAND 快閃記憶體。偶爾能聽到「濟州島出口量最多的不是柑橘也不是比目魚，而是半導體」這樣的玩笑話，事實上，在二〇一九年濟洲島的出口規模當中，濟州半導體就占了近乎一半。

　　濟州半導體創立初期，總部設立在韓國京畿道城南市，但在二〇〇五年上市時，將總部遷移至了濟州島。然而，這裡出現了一個問題。

　　三星電子和 SK 海力士是全球數一數二的記憶體晶片公司，再加上美光科技，這三間公司便占了全世界 DRAM 市

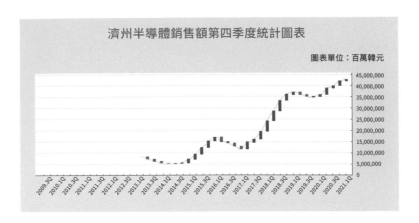

濟州半導體銷售額第四季度統計圖表

圖表單位：百萬韓元

45,000,000
40,000,000
35,000,000
30,000,000
25,000,000
20,000,000
15,000,000
10,000,000
5,000,000
0

2009.3Q 2010.1Q 2010.3Q 2011.1Q 2011.3Q 2012.1Q 2012.3Q 2013.1Q 2013.3Q 2014.1Q 2014.3Q 2015.1Q 2015.3Q 2016.1Q 2016.3Q 2017.1Q 2017.3Q 2018.1Q 2018.3Q 2019.1Q 2019.3Q 2020.1Q 2020.3Q 2021.1Q

[圖 3-5] 濟州半導體以利基市場為重心供給記憶體晶片，並以此來擴大規模。但不能僅因為它攻下了利基市場，就認為它與記憶體晶片龍頭直接競爭。

場 90％以上的市占率。那麼，在龐大的三星電子和 SK 海力士之間夾縫求生存的濟州半導體，又是如何不倒閉、得以堅持下來的呢？

這個祕訣就藏在濟州半導體的產品之中。濟州半導體生產的記憶體晶片和三星電子及 SK 海力士所生產的產品截然不同。三星電子和 SK 海力士生產的是最高規格的記憶體晶片，整體來說，雖然記憶體晶片的種類不少，但若單就高規格產品來看，由於種類受限的關係，主要以少樣大量的方式經營。然而，在部分產業領域中，需要的是低階且低成本的記憶體晶片，而不是三星電子和 SK 海力士所生產的高階記憶體晶片。有時，客戶端也會指定特定類型的記憶體晶片。就規模而言，這種市場僅占整體記憶體半導體市場的個位數。其規模之小，三星電子和 SK 海力士不太可能考慮進軍該市場。不過由於需求明確，就會需

要有公司來針對這個領域製造專門的記憶體晶片。濟州半導體在三星電子、SK 海力士和美光不願進入的利基市場上扮演這樣的角色，根據客戶端的要求負責設計、供應記憶體晶片。

濟州半導體，瞄準利基市場

濟州半導體的重點領域是「客製化」記憶體晶片。透過另外的後端製程，經過 SiP（System in Package，系統封裝）製程，將 DRAM 和 NAND 快閃記憶體堆疊在一塊晶片上的 MCP（Multi Chip Package，多晶片封裝），是濟州半導體主要提供的技術。除此之外，他們也提供客製化的 DRAM 和 NOR 快閃記憶體。在公司剛成立的二○○○年代初期，主要提供搭載在手機等電子設備上的 SRAM，然而，後來公司推動多角化經營，SRAM 所占的比重便大幅減少。濟州半導體並不會直接參與晶片的製造，他們僅專注於設計，在設計完成後，將設計圖交給台灣的聯華電子等公司，委託他們來製造，之後將晶片以晶圓的形式供應給主要客戶端，或是透過其他的後端製程公司，最後提供單晶片型態的產品。

電子產品製造商會在機器上搭載多種記憶體晶片，除了高效能的 DRAM 和 NAND 快閃記憶體以外，為了實現特定功能，還需要有容量適合及體積小的 NAND 快閃記憶體、DRAM、SRAM 等等。此外，為了進一步降低設備的功耗，會需要改變晶片的運作方式，或減少晶片上的引腳數

量，因此常需要和市售不同的記憶體晶片。雖然 DRAM 和 NAND 快閃記憶體可以分別安裝在裝置裡的個別區域，但若將兩個晶片堆疊，製成一個晶片後再安裝在設備裡，就能更有效地節省空間，還可以提高效能。尤其是能縮短晶片間傳送訊號的時間，同時還能將這個過程中所產生的功耗降到最低。濟州半導體便是看準這樣的需求，攻下了利基市場。

為了完成多晶片封裝，需要根據獨有的設計來堆疊兩塊晶片。在堆疊的過程中，必須以有利於堆疊的結構來製造，DRAM 晶片內主要的電路和電容器的面積就要盡可能地縮小，堆疊時會發生的製程技術性問題也要在設計階段就盡量克服。濟州半導體在多晶片封裝中是以 DRAM 設計為重心來營運，NAND 快閃記憶體則由從外部採購，因此會配合 NAND 快閃記憶體來進行 DRAM 的設計。濟州半導體的產品和三星電子、SK 海力士等公司製造的高階晶片是大相逕庭。簡而言之，濟州半島體跟他們的領域競爭並不相同，這便是濟州半導體身在三星電子和 SK 海力士夾縫間，也不會被競爭擊倒的原因。

占領主流市場的 SSD
不為人知的故事

已達極限的硬碟，尋找下一代儲存裝置

　　僅在十幾二十年前，桌機和筆電的儲存裝置都還以硬碟為主。若要了解最早期的硬碟，必須回溯至一九五〇年代。一九五六年，美國 IBM 公司首次販售商用的 RAMAC（Random Access Memory Accounting）硬碟。當時硬碟的大小和兩台冰箱加起來差不多大，儲存容量僅為 5MB，以現在來說不過就是一張照片的大小，但在當時卻是革命性的容量，而這個硬碟要價足足五萬美元。自此之後，硬碟的技術日新月異，體積愈來愈小，容量愈來愈大，且價格更加低廉。到了二〇一〇年左右，硬碟的技術到達了巔峰。

　　由於利用具有 N ／ S 極磁性的圓盤（又稱碟片）來儲存資料的特性，硬碟能夠儲存的資料容量已達極限。若要儲存更多的資料就必須擴大碟片的大小，但硬碟的規格是固定的，且尺寸有限，所以根本行不通。此外，碟片以每分鐘內超過 7200 轉的高速轉數讀寫資料，旋轉得愈快，寫錯或讀錯資料的機率就愈高，因此硬碟讀寫速度也存在明確

的限制。

　　因此，能用來替代硬碟的新一代儲存裝置也成為了經常被討論的議題。事實上，從硬碟被廣泛使用的時期開始，就有許多的技術也被論及。不過因為硬碟迅速大眾化，其他的技術有很長一段時間都不被消費者重視。然而，隨著硬碟的極限愈來愈明顯，對於替代方案的議論也熱絡了起來。

　　能替代硬碟的最強勁競爭對手，就是非揮發性記憶體晶片。半導體是利用電子訊號的基礎來儲存資料，所以能以相較更快的速度來讀寫資料，並透過微型化使容量極大化，製成比指甲還小的輕量體積。不過，問題是半導體實在太貴了。因此，以類似 MP3 等無法使用硬碟的行動裝置和 USB 隨身碟為主，NAND 快閃記憶體開始快速引進市場，並漸漸奠定了大眾化的基礎。NAND 快閃記憶體是搭了行動裝置市場擴大的順風車，隨著技術發展且價格不斷降低，逐漸占領硬碟既有的市場。

輕巧又快速的 SSD，為儲存裝置市場注入新氣象

　　SSD 是以 NAND 快閃記憶體為基礎的儲存裝置。當中，NAND 快閃記憶體負責資料儲存的核心角色，和處理資料儲存演算法的控制晶片以及快取記憶體用的 DRAM，還有多種被動元件一起安裝在印刷電路板上，最終形成名為 SSD 的成品。雖然硬碟相關技術仍有發展空間，但是 SSD 的技術成長及價格下跌的速度也相當快，相信要完全取代硬碟並不會花上太多時間。

繼行動裝置市場之後，電腦市場也引進了 SSD。從 Windows 開機時間大幅縮減、檔案執行速度和載入速度急遽增快，可以看出整體的作業速度有相當大的改善，這是硬碟無法展現的驚人效能。得益於此，筆電市場中前所未有的超輕量 Apple MacBook、LG Gram 也得以問世。早期的 SSD 大小約 2.5 吋，然而，隨著技術發展推出了多樣化型態的 SSD，例如桌機專用、只有手指長的 M.2 SSD，及筆電專用、僅硬幣大小的 BGA SSD 也跟著上市。

因為 SSD 是以 NAND 快閃記憶體為基礎，所以有壽命較硬碟短的限制；也因此一直以來都存在著「重要的資料必須同時儲存在硬碟」的認知。且不光是壽命短，因為效能快速提升，汰換的週期也明顯地比硬碟更短，而這樣的汰換需求，成為帶起 NAND 快閃記憶體市場成長的主要因素。

SSD 大約是從二〇一〇年左右開始被廣泛使用。64GB 的 SSD 開始普及，幾年後，也推出了以 TB 為單位的 SSD。64GB 的 SSD 剛問世時，僅應用在作業系統和部分最重要的程式安裝上，現在則是在能儲存任何檔案的一般儲存裝置中，都能發現它的蹤跡。保管大量資料的伺服器市場也積極引進 SSD，成為支撐 SSD 市場的軸心。

做不了晶片也做得出 SSD，增長勢頭難擋

雖然 SSD 到了二〇一〇年前後才開始普及，不過早在一九七六年，SSD 就已經面市。世界上第一個 SSD，是由

美國戴特雷公司（Dataram Corporation）發表的，它能儲存足足（？）2MB 的資料。回想直到二〇〇〇年代，主流的磁碟片容量僅有 1.4MB，這其實算是不小的容量。若要讓當時戴特雷公司上市的 SSD 和二〇二〇年推出的 SSD，兩者容量相同的話，足足需要 150 億韓元（台幣 3 億 7500 萬元）以上的資金。由此可知，SSD 單一容量的單價降價的速度有多快。

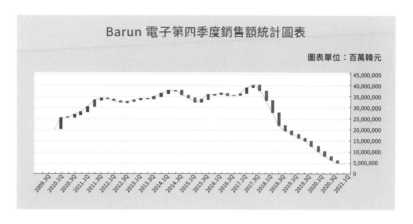

[圖 3-6] Barun 電子因 NAND 快閃記憶體的價格暴漲且供給不足的緣故，無法繼續製造 SSD，而陷入了事業危機。

　　三星電子的 SSD，是在二〇〇〇年代中期開始出現的。三星電子在二〇〇五年五月，發布進軍 SSD 市場的消息後，隔年公開了 1.8 吋大小、32GB 的 SSD。在當時，人們連 SSD 是什麼都不太清楚；然而，三星電子及部分預測市場的單位認為 SSD 市場將會有爆發性成長。[9] 於是三星電

9　電子新聞（*Electronic Times*），「記憶體基礎儲存裝置，SSD 的崛起」，2005.09.12。

子便積極擴張 SSD 市場，從二〇一〇年起至今，一直以來都鞏固著 SSD 市場上最前端的位置。到二〇一〇年代初中期為止，三星電子都還是壓倒性地占據第一，不過後來因 SSD 企業急劇增加，市占率掉到只剩 30％左右。要說三星電子的特色，就是他們會親自設計和製造所有核心記憶體以及非記憶體晶片。此外，以硬碟聞名的東芝和威騰電子也以自身技術為基礎，保持著市場領先地位。美光科技也和三星電子一樣，在早期就進入 SSD 市場，並於二〇〇八年首次推出 1.8 吋和 2.5 吋的 SSD，也展現了自身技術實力，第一個推出使用 25 奈米 NAND 快閃記憶體製造的 SSD。[10]

　　SSD 是將包括 NAND 快閃記憶體在內的關鍵元件，安裝在印刷電路板上所製成的。因此，就算是沒有直接生產半導體能力的企業，只要購買晶片也能夠製造出 SSD。也因為這樣，雖然 NAND 快閃記憶體的製造商只有幾家，製造 SSD 的企業在全世界卻有超過 200 間。例如，代表性的美國金士頓科技（Kingston Technology Corporation）便是以採購半導體晶片來完成 SSD 的模式在營運，雖然因為沒有製造晶片的能力而無法做到垂直整合，但依然超越其他 SSD 企業，奠定了自身市場地位。即使是無法做到垂直整合的企業，也能夠以自家 SSD 運作演算法為基礎，開發出效能卓越的 SSD。然而，這些企業也知道，像 NAND 快閃記憶體這類的核心元件，若遇上全球性無法順利供貨，那麼供

---

10 storagesearch.com, SSD market history, https://www.storagesearch.com/chartingth-eriseofssds.html.

需肯定會出現問題，或成本大幅上升的風險。實際上，經營 SSD 製造的公司——韓國 Barun 電子，就因為 NAND 快閃記憶體飆漲的價格和供給不足，面臨無法持續製造 SSD 的危機，在銷售額減少六分之一的持續虧損之後，最終導致股票停牌。

　　二〇二〇年十月，SK 海力士發表將收購英特爾 NAND 快閃記憶體和 SSD 的業務，消息一出，讓許多人都感到驚訝。人們不禁疑惑「英特爾有在做 SSD 嗎？不過話說回來，SK 海力士也有在做 SSD 嗎？」英特爾的業務雖然著重於 CPU 和通訊晶片等非記憶體晶片，但在記憶體晶片市場，也一直位居強者地位。它以直接製造 NAND 快閃記憶體和 SSD 的垂直整合為基礎，在產業前端占有一席之地，一直以來，維持著比 SK 海力士更高的市占率。英特爾自家 SSD 所使用的 NAND 快閃記憶體是在中國工廠製造的，利用一種被稱為浮閘原理的工法來提升產品壽命和可靠性，但也面臨 3D 結構方面較難高端化的缺點。只是因為較具有可靠性，因此在伺服器方面需求較高，或通常會與英特爾的 CPU 結合銷售，所以在一般市場上知名度沒那麼高。英特爾的 SSD 生產事業並不是突然開始的。英特爾過去曾推出許多首創的記憶體晶片，透過持續不懈的研究開發，曾在一九八〇年代推出 1MB 大小的 SSD。當時也曾經計畫以 SSD 來製造磁碟片，不過很可惜，因為經濟效益不佳，最後沒有實現。儘管如此，在那之後，英特爾依然持續進行研究開發，除了 SSD 以外，也推出了 3D XPoint 記憶體。

英特爾的新一代記憶體
真會威脅韓國記憶體市場嗎？

英特爾，企圖以 XPoint 顛覆市場

非揮發性記憶體晶片擁有能夠永久儲存資料的優點，而揮發性記憶體晶片則有速度夠快的長處。難道沒有辦法將兩者的優點結合在一起，開發出一款讓資料能永久被儲存且速度又夠快的記憶體晶片嗎？其實，這就是半導體產業的夙願。

後來在二〇一五年七月，英特爾和美光科技合作發表了一款名為 XPoint 記憶體的新型記憶體。雖然是由兩家公司共同發表的，但卻是分別依照各自的選擇來製造出不同型態的成品，最後再各自販售。新聞媒體以「發表革命性新技術」為題，接連不斷地報導，甚至還出現了三星電子和 SK 海力士的記憶體晶片事業都將被英特爾擠下、迎接結局等驚悚的預測。英特爾強調，XPoint 記憶體不僅能永久儲存資料，存取資料的速度也比 NAND 快閃記憶體快上一千倍。英特爾僅在包含韓國在內的大約五個國家發表這款新產品，對在半導體市場上名列前茅的三星電子和 SK

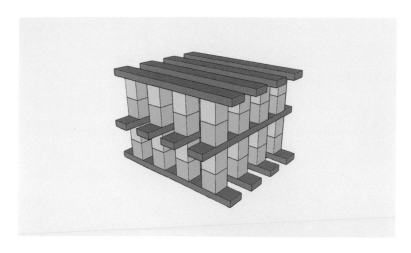

［圖 3-7］英特爾的 XPoint 記憶體以交叉的配置，讓選擇器和記憶胞能高速交換訊號。

海力士而言，是正面的威脅。

人們開始研究鐵電式隨機存取記憶體（Ferroelectric Random Access Memory）、磁阻式隨機存取記憶體（Magnetic RAM）、相變化記憶體（Phase Change Memory）、3D XPoint 等各種類型的記憶體晶片，當成新一代非揮發性記憶體晶片，用來取代現有記憶體晶片。英特爾發表的 XPoint 記憶體，是由有開關功能的選擇器（selector）和儲存 0 和 1 資料的儲存單元組成的。為了儲存和刪除數據，將兩種不同的電子訊號以十字型交叉的佈線安裝在每個單元上，並以此進行傳輸。英特爾在產品介紹的新聞報導中，強調新產品將比 NAND 快閃記憶體快上一千倍，然而，這並不是指整體的驅動速度，而是指當訊號接近資料時產生的延遲差異是一千倍，因此其驅動速度較難與現有的 SSD 有很大的區

別。儘管如此，只要能比 SSD 快上一些，就是值得被考慮的新一代記憶體晶片了，也因此，XPoint 記憶體依然能成為有威脅性的競爭對手。

不過，XPoint 記憶體有個致命傷。那就是，想在維持市場性的情況下提升容量並不容易。NAND 快閃記憶體逐漸發展為 3D NAND 快閃記憶體，層數也逐年持續增加。但相反地，英特爾首次推出的 XPoint 記憶體有單層或雙層結構，照理來說，應和 NAND 快閃記憶體相同，若想將容量最大化，就必須增加層數。需要將選擇器、儲存單元、金屬佈線連結後一層一層堆疊上去製作。然而，XPoint 記憶體製程的難度不容小覷，每增加一層就需要投入更多的反覆精細蝕刻和原子層沉積的昂貴製程。NAND 快閃記憶體即使增加層數，所需的製程數也不會與層數成正比，因此隨著層數增加，單位容量的單價大幅降低。相反地，XPoint 記憶體每增加容量，生產成本也會跟著上升，想和 NAND 快閃記憶體一樣降低成本是相對困難的。因此，當今在高容量比什麼都來得重要的市場上，XPoint 記憶體若想直接和 NAND 快閃記憶體競爭，絕對不容易。無論是再好的半導體，只要沒有價格的競爭力，就等於失去了市場流通性。因此，與其說英特爾的 XPoint 記憶體是 NAND 快閃記憶體的對手，倒不如說，是在作業系統驅動領域上，專為桌電或伺服器提升效能的利基市場型產品。

炙手可熱的新一代記憶體晶片市場，已開始變化

因 NOR 快閃記憶體容量增加不易，已在快閃記憶體市場上嘗過苦頭的英特爾，為何又再次帶著難以提升容量的 XPoint 記憶體回歸呢？或許是因為想重新找回記憶體晶片市占率高居第一時的榮光。然而，不光是英特爾，全球各家企業都在為了新一代記憶體晶片的商業化而努力。

與 DRAM 為了儲存 0 和 1 的資料而使用電容器不同，英特爾的 XPoint 記憶體選擇了 PCM 作為儲存單元的材料。PCM 基於相變化材料——施加電子訊號後物質的物相（phase）會改變的材料。其原理是施予電壓讓原子會重新排列，並轉變為結晶（crystalline）狀態。PCM 通常又被稱為 PRAM，是經常被拿來研究作為代替 DRAM 及 NAND 快閃記憶體的新一代半導體材料。三星電子也曾在二〇〇四年領先全球，研發出搭載在功能型手機上的 PRAM。但由於 PRAM 量產製程上存在的困難，以及既有的記憶體晶片持續發展，目前 PRAM 依然停滯在研究開發階段。

除此之外，利用物質磁性的 MRAM 也經常被視為新一代半導體。儘管進行了多項研究，新一代記憶體晶片的推出不斷延後的根本原因，不外乎就是明顯偏低的產量、微型化的困難、不易透過形成垂直構造將容量最大化、昂貴的生產費用，以及既有技術的快速發展等。NAND 快閃記憶體以垂直方式不斷增加單元以提升容量，透過讓各單元電子訊號分割的 TLC 及 QLC 等技術，在每單元寫入 2 ～ 4 位數以上的資料，進一步擴大容量。DRAM 則是以持續的

微型化和電容器的發達不斷地更迭世代，在高速、高容量的記憶體晶片市場上維持在前段位置。NAND 快閃記憶體也持續發表各種能增加層數的技術，DRAM 除了持續微型化以外，也出現了 3D DRAM 等新的結構，並且透過封裝晶片的堆疊方式，一步一步提升效能。

如上所述，這樣的差異短期內難以縮小，比起讓新一代記憶體半導體快速取代既有記憶體半導體，進軍利基市場的可能性更大。這個過程中最重要的前提，就是必須先開發製造晶片的設備和材料。事實上，像應用材料這樣的國際設備供應商，即便市場流通性並不高，依然持續為新一代記憶體晶片推出相應的設備，並從很久以前就開始等待市場成形。而現在，半導體廠商則購買他們推出的設備，投入新一代半導體的開發之中。儘管等待市場成熟要花上好一段時間，但記憶體模式的轉變不僅在設備，也會逐漸在材料技術方面帶來變化。如果是有經驗的投資者，就有必要觀察相關技術的發展變革。

CHAPTER

4

另一種選擇，
非記憶體半導體

**Investment
in semiconductors**

非記憶體半導體的投資
始於產品多樣化

儲存資料以外的所有半導體都是非記憶體半導體

　　記憶體是韓國半導體產業的核心，也是韓國比其他國家做得好、最有名的領域。但還是有很多人認為，光把記憶體做好還不夠；這是因為非記憶體半導體的市場規模比記憶體更大。那麼，如果三星電子和 SK 海力士若將業務擴大到非記憶體半導體，那收益將會與市場規模成正比嗎？記憶體市場由三星電子、SK 海力士和美光科技這三大廠寡占市場，那麼，非記憶體半導體市場同樣也是由少數廠商支配嗎？非記憶體半導體市場比記憶體半導體市場更大的原因，又是什麼？在這個章節，將會針對非記憶體半導體進行詳細說明。

　　非記憶體半導體（Non-memory semiconductor）是指，不以儲存資料為目的，另有用途的所有半導體。其中包含電子設備的「大腦」──運算處理器（CPU & MCU）、打造顯示器生動畫面的圖形處理器（GPU）、處理通訊信號的通訊晶片、感應外部光線並將其轉換成電訊號的光感測器、讓

機械裝置精準移動的驅動晶片（驅動 IC）等各式各樣的半導體。非記憶體半導體有時候會被誤稱為系統半導體，但系統半導體只是非記憶體半導體的一種，注意不要混用。

品項多樣的非記憶體半導體，市場也形形色色

從投資者的角度來觀察記憶體和非記憶體半導體時，必須注意幾個不同點。首先，不同企業與國家擅長製作的半導體都不一樣。另外，製造晶片的方法和使用的相關技術也都有所差異。以產品的角度來看，非記憶體半導體最大的特點是品項非常多，這是因為範圍包含記憶體以外的所有半導體，種類當然就數不勝數，市場規模當然也很大。由於晶片種類繁多，效能和技術力的偏差也會因產品種類而異，從電晶體微型化程度到晶片使用領域都差異甚大。也因品項多樣，非記憶體半導體必然會出現大量市場參與者。因此，製造非記憶體晶片的廠商，在世界各國不計其數。此外，每種晶片的製造工序都不同，部分高階晶片很快引進了新一代製程技術，而低階晶片則不需要使用新一代製程。

因為晶片的種類眾多，晶片製造外包的風氣也開始盛行了起來。主要是因為晶片種類太多，所以設計晶片的廠商和製造晶片的廠商會明確地區分開來，兩者以訂單合約為基礎製造晶片，也是特徵之一。此外，同時生產多種晶片廠商的利潤波動幅度也較小。

在品項多樣的非記憶體半導體市場上，有銷售一萬種以上晶片的德州儀器（Texas Instruments）或是開發 500 種以

上晶片的 ABOV 半導體（ABOV Semiconductor）等公司，當然也有集中只做一兩樣產品的廠商。有集中製造晶片的廠商，反之，也有集中加工晶片、製造模組的廠商。另外，還有只銷售一次，就能穩定維持供應數年的產品，或是在短時間內失去競爭力的產品。韓國上市公司 ITM 半導體（ITM Semiconductor）專門製造提升電池安全性的保護模組封裝（PMP, Protection Module Package），並為蘋果、三星電子等大客戶供貨。保護模組封裝從原先不存在的領域，轉變成擁有獨一無二的地位。ABOV 半導體設計的家電與工業用晶片，只要開始供應產品，就能穩定供貨至少五年以上。

由此可見，不同的非記憶體半導體的廠商會根據旗下產品的特徵，有不一樣的營運模式。尤其是，如果主要經營單一品項或是銷售對象較為受限，又或者是產品生命週期偏短的情況，就有必要充分考慮其長期競爭力。必須仔細研究，是否能透過獨家技術力掌控市場，又或是銷售對象是否不穩定，或只是單純屬於承包商。

韓國第一代 IC 設計製造商 Aralion，主要經營手機多媒體晶片設計事業，但由於產品生命週期過短，且在新產品開發方面遭遇困難，最終只好面臨下市命運。只要媒體進行非記憶體市場擴大方面出現問題的相關報導，非記憶體半導體廠商的股價都會受到影響。無數非記憶體半導體廠商經歷過創立和消亡，但要切記，並不是所有廠商都會遵循同樣的商業模式。

CPU 的起源

生活家電的核心半導體—— MCU

　　就像人如果沒有大腦，身體就無法運作一樣，電子產品也需要有運算處理器來發揮大腦的作用。以電鍋為例，以前的電鍋只要插上電源線並轉動旋鈕就能煮飯。但最近，電鍋正面有個數位面板，上面有各種選單，只要按幾個按鈕就可以自動烹煮，功能也非常多樣。不僅可以保溫，飯煮好了還會有提示音，只要選擇想要煮的米飯種類，就能替你煮出來；不僅可以調整米飯熟度外，甚至還能調整米飯的口感。為了執行這些不同的功能，電鍋內的運算處理器必須流暢無阻地執行指定功能，還要處理使用者輸入的條件。但可不是只有電鍋這樣。最近新上市的冰箱，除了能調節溫度和製冰之外，還會告知雞蛋收納盒內剩幾顆雞蛋、是否有放很久的食物，真的非常聰明。可想而知，這些功能都是透過運算處理器的運算來執行的。

　　在處理使用者輸入的條件並導出結果時，需要運算晶片，但是家電使用的運算晶片，與電腦使用的 CPU 截然不同。電腦的 CPU，在每秒內能夠反覆執行超過數十億次的

運算來執行各種功能的運算，但將這種高規格的 CPU 使用在家電上太浪費了。一般家電使用的運算晶片，只需要每秒反覆數萬次到數十萬次，就能啟動機器，沒有必要在電鍋上使用可以播放影片和進行複雜 Excel 運算的 CPU。因此，一般家電大多都使用比個人電腦 CPU 效能更低的 MCU（Micro Controller Unit，微控制器）。

簡單來說，可以把 MCU 想成是規格非常低的 CPU，而它也被稱為「超小型電腦」。這是因為只要一收到輸入的資料，它便會根據規定的程式，透過運算來處理訊號，然後將結果值輸出到電子設備上。而在這個過程中，它扮演的角色跟電腦非常像。MCU 在接收到訊號之後，會執行預先設定好的指令，並搭載了非揮發性記憶體 ROM，用來儲存指令。雖然主要使用的是快閃記憶體，但因為非揮發性記憶的讀取速度慢，所以同時也搭載了 RAM。

MCU 是由執行運算功能的 CPU、RAM 和 ROM 所組成。根據 CPU 一次可以處理的數據量，MCU 的種類分成 8 位元、16 位元、32 位元等；數字愈高，一次可以處理的指令長度就愈長。為了執行更複雜的運算，就需要使用高位元的 MCU。而隨著位元的增加，所需的晶片設計技術力和單價都會跟著變高。同時，晶片的集積度也會隨之提高。過去 MCU 市場主要以 4 位元和 8 位元為主，現在則是 16 位元和 32 位元的 MCU，使用頻率正不斷增加。

MCU 正廣泛使用在各種電子產品上。電視用的 MCU 在接收到訊號之後，會下達錄製影片的指令或是轉台。遙控器用的 MCU 會根據規定的程序，在按下某個按鈕時輸

出相對應的訊號。手錶也使用 MCU，用來測量和顯示出準確的時間。實際上，幾乎可以說沒有一個電子產品裡面沒有 MCU。它用於血壓計、電風扇、鍵盤和滑鼠以及溫度計。在功能複雜的大型家電上，也會搭載 5 ～ 10 個執行不同功能的 MCU，隨著家電的功能多樣化，需要的 MCU 數量正大幅增加。

世上第一個 CPU 就是世上第一個 MCU

　　個人電腦用 CPU，是從 MCU 發展而來的。一般來說，性能高並透過獨立作業系統來執行各種功能的 MCU，被稱為 CPU。而世界上第一個 CPU，其實就是世界上第一個 MCU。世上首批 MCU 的銷售可追溯至一九七〇年代。當時英特爾首先推出了 MCU。英特爾在一九七一年一月開發了一款名為「Intel 4004」的 MCU。隨後，為了要搭載在計算機上，與日本公司 BizCom 簽約供貨，也寫下了 MCU 有史以來第一筆銷售紀錄。[11] 在英特爾發布 Intel 4004 的一年前，其實美軍也曾開發過一款名為 F14 CADC 的處理器。然而，研發工作列為最高機密，長期對外保密，因此，全球首次販售的頭銜就這樣被 Intel 4004 拿走了。Intel 4004 是由 2300 個用來執行運算的電晶體組成，時脈速度為 740kHz。[12] 與當今製程相比，是用 10 微米製程所生產。

---

11 "Intel 4004 Fun Facts".Intel.com.Retrieved 2011-07-06.
12 http://www.munhwa.com/news/view.html?no=20171207010324271000001.

此後，隨著更多搭載電晶體的新機種成功上市，電腦革命就這樣開始了。在開發更小、更精巧的 MCU 過程當中，電晶體技術迅速發展，並逐漸發展成為現在的 CPU。英特爾自二〇一七年以來，就沒有公布自家公司 CPU 的電晶體數量，但據推測，最新的高規格產品至少搭載了超過 50 億個電晶體，時脈速度大約為 50 億 Hz。英特爾目前不僅致力於經營 CPU，還積極發展 MCU 事業。

[圖 4-1] Intel 4004 既是第一代 CPU，也是第一代 MCU。

Intel 4004 剛上市時，MCU 尚未搭載可暫時儲存資料的記憶體，只能執行運算的功能。因此，若想將 Intel 4004 搭載在成品上，必須有另外的輔助記憶體晶片，這就是晶片系統成本增加的原因。但以一九七四年德州儀器推出的「TMS 1000」為起點，有了目前這種兼具記憶體和輸入／輸出功能的 MCU 形式。

由於 MCU 能夠執行的運算非常簡單，所以每種產品可以處理的指令是有限的。MCU 分為兩種，一種是適用於各種電子設備的通用型 MCU，另一種是根據客戶端需求客製的特殊用途 MCU。隨着電子產品多樣化、車用半導體擴大、物聯網擴大等，特殊用途 MCU 市場的規模正不斷擴張。提

到製造高規格 CPU 的廠商，就會立刻想到英特爾和 AMD。但 MCU 就不一樣了，MCU 的製造商跟種類一樣多。MCU市場上的龍頭有荷蘭的恩智浦半導體（NXP Semiconductors）、日本的 Rambus、美國的微晶片科技（Microchip Technology Inc.）、瑞士的意法半導體（STMicroelectronics）、德國的英飛凌科技（Infineon Technologies）等，這些都是僅在 MCU 領域創造龐大收益的大廠。此外，世界各地還有超過數百家的廠商都在經營著 MCU 事業。

三星電子也製造 MCU，但是與大型 MCU 廠商透過併購方式，擴大規模成為 MCU 專業廠商不同，三星電子著重於，同時發展搭載在自家家電上的 MCU 和 OEM 事業。另一方面，LG 電子在製造家電時會需要大量的 MCU，而這個部分，主要依賴東芝、松下（Panasonic）等日本廠商供應。但在一九九九年，為了實現 MCU 國產化並擴大關係企業的自主供貨，關係企業 Silicon Works（現 LX Semicon）正式進軍 MCU 市場。雖然處於事業初期，海外產品的價格競爭力也不可忽視，眼前可謂難關重重。但因為背後有 LG 集團支撐，只要從低規格的產品開始逐漸擴大供應，未來進攻高效能 MCU 市場，也不無可能。

MCU 的用途和種類，非常多樣，難以逐一列舉。這也意味著，多品項的客製化生產是很重要的領域。因此專門做 MCU 的企業，需要面對客戶單價下調的壓力較其他電子零件小，公司利潤的浮動也偏低。上市公司 ABOV 半導體，就是其中的一個例子。

ABOV 半導體，
一家具多樣化魅力的
MCU 上市公司

MCU 的強者「ABOV 半導體」，專注於多樣性

　　ABOV 半導體是專門設計 MCU 的公司，ABOV 半導體的歷史可以回溯到 LG 半導體。過去，LG 半導體和現代電子都曾經營 MCU 事業。後來，隨著事業轉移到合資創立的海力士半導體，再從海力士半導體中拆分出美格納半導體，其中 MCU 事業也拆分出來，就成了 ABOV 半導體。

　　ABOV 半導體為各種電子設備設計各式各樣的 MCU，所以涉及的產品種類與銷售管道極為多樣；ABOV 半導體光客戶就多達 500 家。其實要在半導體產業中，找到這種客戶群和產品種類都很多元的廠商，是相當不容易的。持續擴大客戶、推出高規格產品以及產品線的多元化會帶動利潤穩定增長，且不易受特定客戶所處產業變化的影響，所以利潤的波動性較低，但也因此利潤增長速度非常緩慢。也因為這樣，比起成長型或景氣循環型企業，更偏好穩健

型企業的投資者們，會更青睞這種類型的企業。

ABOV 半導體是從電鍋用 MCU、遙控器用 MCU 市場開始，持續擴大市占率，開發更多種類型的 MCU，並持續發展到現在。目前 ABOV 半導體擁有高市占率的領域是韓國遙控器市場，市占率高達 80％。此外，在韓國電池充電器市場也維持著高市占率，在一般家電用 MCU 市場上維持世界第四的市占率，據悉市占率約為 4％。

以豐富設計經驗和低價搶占市場

ABOV 半導體的優點，在於擁有豐富的設計經驗，以及部分 MCU 可以用比競爭廠商更低廉的價格供貨。即便是相同功能的 MCU，也能透過多種方法去設計，經由長期的經驗累積，可以做出更有效率的晶片，所以長時間的開發歷程和技術累積，是非常重要的。

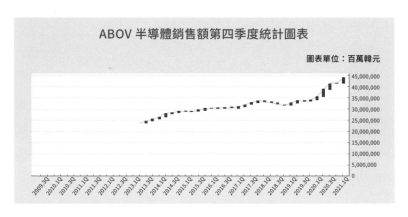

[圖 4-2] 供應各種類型產品的 ABOV 半導體，營收波動性較低。

完成晶片設計、委託晶片製造後，測試晶片效能，有時會發生設計時預期的效能和實際運作時的效能，產生明顯落差的情況。這是因為微小的半導體晶片是由多種物質所製成，與理論不同，電氣的特性是會改變的，這種情況就容易導致誤差。即便模擬得再完美，現實和理論還是有很明顯的差異。晶片設計的竅門是，縮小現實和理論之間的差異，精準地預測實際在製造晶片時會出現的結果，然後再將其納入設計，完成晶片。ABOV 半導體，具備晶片運算能力和記憶體等豐富的設計經驗。

MCU 設計廠商的數量雖然眾多，卻能各自保有競爭力並穩穩地生存下來，原因是 MCU 的種類非常多，而且每家廠商都有能力以低價製作特定的 MCU。ABOV 半導體透過主力產品系列的微型化來降低成本，並以價格競爭力來擴大市占率，這都是因為能用比競爭對手更便宜的成本製造晶片，以及擁有豐富的經驗才有可能實現的。

一般來說，家電或是工業用 MCU 的產品生命週期較長，而且一旦產品被採用，幾乎都能維持長期供應，因此領先競爭廠商供應產品來搶占市場是非常重要的。為此，要以累積多年的技術和經驗為基礎，提前開發出客戶可能需要的產品。相反地，智慧型手機等行動裝置市場主要是以一年為單位推出新品，技術變化迅速，所以，MCU 可以大規模供應，只不過壽命較短。

ABOV 半導體的主要銷售客戶是三星電子等家電企業，且中國銷售比重超過 40％。中國最大規模的家電企業美的集團（Midea Group）和海爾集團（Haier Group）也是 ABOV 半

導體的主要客戶。

　　半導體廠商為了要確保競爭力，必須持續發掘並聘用設計人員，但是 ABOV 半導體一半以上的員工都是負責研究開發。這些研究開發人力並不是隨意開發任何晶片，而是根據家電市場或物聯網的變化，預測客戶可能需要的晶片並提前進行開發。為此，透過持續追蹤市場動向，並與客戶密切接觸來掌握變化，是很重要的。尤其，從晶片設計到完成產品開發需要數月以上，在客戶開發主要家電前，就必須掌握晶片的性能和安全性，因此這是需要比客戶的產品上市提前 2 ～ 3 年完成開發的領域。而這種產品開發的能力，其實也是一種技術。

超越行動裝置市場並
持續成長的「AP」

二〇一〇年以前，手機市場的主流依然是功能型手機。功能型手機的主要功用是撥打電話和收發簡訊，當然也有播放音樂、拍照等其他功能，但其實撥接電話才是最主要的功能。事實上，與家用電話相比，功能型手機僅被認為是「可在外面撥接電話的電子設備」，和一八七六年貝爾發明的電話相比，功能上並沒有太大的不同。然而，當 Apple 透過 iPhone 拉開智慧型手機時代的帷幕後，既有的通訊概念就完全被打破了。我們已經進入了一機在手，就能完成購物、工作、娛樂的時代。過去在功能型手機的年代，人們並不會一整天緊抓著手機不放。通常會用電腦工作，用電視來看節目，若需要辦理銀行業務則會親自跑一趟銀行。

那麼現在呢？我們儼然進入了一個「智慧型手機不離手」的時代。過去我們曾苦惱要在偌大的客廳裡放幾吋的電視才好，但現在即便只有一坪大的空間，就算沒有電視，也能像家裡有電視的人一樣，同步收看各大節目。這是因為智慧型手機的時代已經到來。

而在智慧型手機時代，就需要新的非記憶體半導體晶

片。不過，這樣的晶片和目前用於個人電腦的半導體不同，若想做出智慧型手機專用的半導體，就必須做出許多改變。要在有限的產品空間裡，以極低的功耗運作，讓產品擁有不亞於個人電腦的功能，這一點一直是製造智慧型手機用半導體時，所面臨的一大難關。

打開電腦主機外殼來看，會發現裡面充滿許多為驅動電腦而設的必要零件。硬碟、SSD、RAM、CPU 及顯示卡等核心零件不必多說，還有像是電源供給裝置、DVD 播放器等各式各樣的零件。仔細觀察電腦主機板，會發現網路通訊晶片、USB 處理裝置、音效卡等，錯綜複雜地裝在上面。但智慧型手機與個人電腦不同，因物理空間有限，無法將這些零件全部裝上去。為了將這些功能都裝在一塊晶片上，並盡可能將體積縮至最小，製造商們都專注於 SoC（System on Chip，單晶片系統）。SoC 是將複雜的系統全部整合到單一晶片上的概念，而智慧型手機的大腦── AP（Application Processor，應用處理器）就是 SoC 最典型的範例。為了節省智慧型手機的空間與降低功率消耗，將 CPU、GPU、通訊晶片、音訊晶片等個別晶片，全部整合搭載在名為 AP 的晶片上。

從行動裝置到電腦，焦點從 CPU 轉為 AP

SoC 其實是以一九七四年漢米爾頓的腕錶為起點，不過產品正式擴大，則是在筆電等個人電腦實現小型化後，在手機登場的一九九〇年代才開始。初期的 SoC 由擁有豐

富設計經驗、專門處理特定應用積體電路（ASIC）的企業主導。在這個過程中，除了現有的晶片設計能力以外，為了讓晶片能順利驅動，同時還必須開發應用程式。SoC 的最終成型，是得益於這些設計廠商的能力，以及晶片製造商先進製程的發展。

與既有的功能型手機不同，自從重視高效能的智慧型手機問世後，SoC 市場就因應智慧型手機的改朝換代，不斷呈爆炸性成長。在這個過程中，AP 占據 SoC 市場的中心，也主導了 SoC 市場。AP 與英特爾主導的個人電腦專用 CPU 相比時，設計和架構（architecture，整體電腦系統的設計方式）都存在差異。因此，儘管在 CPU 市場毫無存在感，擁有設計行動裝置優勢的新興設計企業，與持有創新矽智財的企業，都成為了 AP 成長的受益者，美國的高通和英國的 ARM 就是最經典的例子。英特爾以自身擁有的矽智財為基礎，從 CPU 的設計到製造都親自包辦。相反地，ARM 則專注於探討優化行動裝置的矽智財。而高通則是著重在行動裝置的晶片設計，成為了行動裝置市場的新興巨頭。

這些矽智財和設計圖，在驅動低功耗晶片時達到最好的效果。為了降低功耗，在某種程度上不得不犧牲效能，所幸初期的智慧型手機並不需要個人電腦級的高規格，這讓 AP 能專注在降低功耗上，而不是效能。這樣一來，就有了 CPU 是個人電腦專用、AP 是行動裝置專用，這樣明確的劃分。但 AP 的發展比預期還要更快，得益於設計技術和整合化的發展，AP 在維持低功耗的同時，實現了高效能。在這樣的情況下，被稱為平板電腦、模仿筆記型電腦

的產品誕生了。像這樣，AP 仰賴外部變數而增長的趨勢不曾停止。如今，不光是平板電腦，連筆電和個人電腦都搭載 AP 的世代正式來臨了，三星電子在二〇一九年推出的 Galaxy Book S Qualcomm，就是代表性案例。

以前在買電腦的時候，主要確認的是 CPU 或顯示卡的效能，而現在是考慮搭載 AP 取代 CPU 的產品的時候了。目前 AP 若想跨越 CPU 的領域，依然存在效能上的差距，但 AP 將以低功耗的優點和持續進步的效能為基礎，持續挑戰個人電腦稱霸的市場。另一方面，CPU 也會祭出更優秀的效能，為持續超前而繼續努力。

人工智慧的時代，
新一代半導體的登場

實現如同人類大腦的神經形態運算

　　電腦運算技術，雖然在過去幾十年之間以驚人的速度發展，但仍然留下了具挑戰性的領域——那就是模仿人類的大腦。大腦是由名為神經細胞的神經元，透過突觸去和更多神經元連結而成的。人類的大腦平均是 1000 億個神經元和 100 兆以上的突觸組成的。[13]（狗平均有 5 億 3000 萬個神經元、貓有 2 億 5000 萬個神經元！）人腦負責運算、記憶、學習與邏輯，效率極度卓越。更驚人的是，大腦的體積不超過 1 公升，但卻能以 15 瓦特的耗能讓各種功能同時進行；15 瓦特就是讓一顆 LED 燈泡打開所需的電力。

　　現有的電腦是以馮紐曼架構（Von Neumann architecture）為基礎，讓記憶體依附在運算裝置上運作的（就像先前提到的，將 CPU 和 DRAM、CPU 和 SRAM 結合在一起的運作方式，都非常具有代表性！）。雖然，現在我們會理所當然認為，運算

---

13 http://www.munhwa.com/news/view.html?no=20171207010324271 00001.

裝置的運作方式就是不斷地在記憶體中臨時存取或匯出資料；然而，在一九四〇年代，這樣的方法無疑是一大創新。自此，馮紐曼架構在電腦方面被視為理所當然，尤其是在單純運算上，這種模式能發揮優越的效能。然而，在馮紐曼架構中負責運算的區域和負責記憶的區域是分開的，所以各區域間傳送訊號時會產生延遲，在這個過程中也必然會產生功耗。也因此若非單純運算，而是進行複雜的平行運算時，它的效率就會下降。

　　人的大腦可以同時進行資訊處理和記憶功能，馮紐曼的計算系統擅長單純的運算，意即若透過它代替腦袋處理平行運算，效果並不理想，這是實現人工智慧計算上的一顆絆腳石。因此，科學家正試著打破現有的馮紐曼架構，透過嘗試採用和人腦構造相似的神經網路處理器——NPU（Neural Processing Unit），來做到大腦般的仿神經形態（Neuromorphic）運算。仿神經形態是在一九八〇年代後期，加州理工學院的教授——卡弗・米德（Carver Mead）提出的概念。他擺脫現有的研究中，以往僅從馮紐曼架構裡模仿大腦的演算方法，強調要用模仿大腦的型態，製造出執行演算的運算裝置結構。

　　為了實現高效能的NPU，就必須從頭構思整個架構。雖然將焦點放在模仿人的大腦，不過也必須將適合量產的製程一起考慮進去，所以沒辦法做成和大腦相同的形狀。技術雖始於對自然的模仿，但不必然要百分之百完全複製（就像飛機模仿鳥的樣子，卻不會拍打翅膀一樣！）。為了完成神經形態，必須開發出基於平行運算、能適應周圍環境的

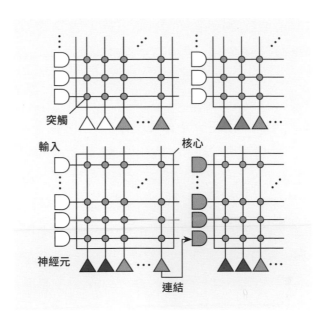

[圖 4-3] 仿神經形態始於對神經元和突觸複雜的有機構造之理解。

NPU。此外，也需要仿照大腦的神經元，透過學習的過程來進行溝通，進而實現自我學習，當然還要能自行決策。現有的運算裝置，基於馮紐曼架構，僅針對設定好的輸入執行計算，而和傳統裝置不同的是，仿神經形態可以直接對在晶片出廠時沒有編寫程式的領域，以人工智慧的方式輸出各種結果。

NPU 市場，無聲的戰場

NPU 技術目前仍處於初期階段，且現有的行動裝置也很難實現完美的仿神經形態運算。這是因為空間和功

耗的限制很明確。因此，大企業正借助雲端的力量。在智慧型手機等裝置中，使用功率仍不足的 NPU 進行簡單的學習，並將資料全部蒐集到中央伺服器，再經由中央伺服器的高效能電腦進行大規模的學習和主要決策。早期實際案例包含 Galaxy 上的 Bixby 和 iPhone 上的 Siri。而高規格的智慧型手機會讓出一部分的 AP 空間裝載 NPU，不過在自動駕駛等領域，就較難實現這種基於雲端的人工智慧。因為，中央伺服器必須不斷地處理高效能運算並及時傳達結果，但若車輛在行駛中出現短暫的通訊障礙，就有可能無法接收到中央伺服器傳送的結果，因而造成重大的事故。因此，有必要開發不需要仰賴雲端就能完成決策的 NPU。

除了 NPU 的架構、設計、晶片構造以外，製造晶片時使用的材料都必須調整。如此一來，已經領先一步的供應商，當然就會成為這些變化的受惠者。在 AP 時代裡，當 ARM 和高通創造出龐大收益時，對於體會到自身技術落差的三星電子來說，這個名為 NPU 的新產品絕對有足夠的吸引力。三星電子選擇放棄到二〇一九年為止，一手獨立營運的 CPU 事業，同時也解散了在美國奧斯汀的相關部門。乍看之下，這個決定似乎與「二〇三〇年要成為系統半導體第一名」的抱負背道而馳。但這個決定其實正意味著，三星電子要在 NPU 和仿神經形態運算上押注的意圖。

實際上，三星電子從原先以伺服器和資料中心為主的單純運算，轉而看準了行動、物聯網、電子市場，並為研

發 NPU 技術大規模招募人力、擴大事業範圍。NPU 市場目前依然進行著無聲的戰爭，在還沒出現任何一家企業明確掌握主導權的情況下，能夠搶先握有 NPU 技術並在市場上獲得認可的公司，就能成為人工智慧時代的領頭羊。

還有這種非記憶體企業！Dongwoon Anatech，術業有專攻

引領驅動 IC、智慧型手機時代

　　非記憶體半導體的種類眾多，很難把所有種類的晶片都寫進書裡。不過，在這裡想分享一個案例。

　　從功能型手機到現在的智慧型手機，手機的用途大幅拓展，新的功能也不斷增加。在智慧型手機尚未問世的二〇〇八年，三星電子推出了觸控式手機，展開提升 Anycall 知名度的戰略。觸控式手機是在觸控螢幕普及化的過程中出現的產品，當手指觸碰螢幕時會產生特有的震動，加強感覺和趣味的感受。此外，它擁有和當今智慧型手機類似的外觀，正面同樣搭載著螢幕，並可透過觸碰來瀏覽照片。

　　為了讓使用者每次在觸碰畫面時執行獨特的觸控功能，需要驅動相關設備的驅動 IC（driver IC, Integrated Circuit，簡單來說就是驅動晶片）。接收到觸碰信號的驅動 IC，會將訊號傳給能產生震動和發出聲音的馬達、致動器和喇叭，讓

使用者的觸控回饋最大化，同時根據電壓的大小改變震動的強度。

在進入智慧型手機時代後，消費者最重視的功能就是攝影。在早期的智慧型手機市場，AP、防水功能、電池耗電量等性能都算是產品的核心競爭力，但隨著規格標準化，最能讓消費者感受到差異的功能就是相機。早期安裝在功能型手機和智慧型手機上的相機，因為感光元件的效能和校正技術有限使得畫質下降，而且在低光源的環境拍照時，只要產生些微晃動也會造成照片模糊的問題。而從根本上解決這個問題的是 OIS（Optical Image Stabilizer，光學影像穩定），一種光學防手震的技術。

OIS 結合了相機的感光元件和致動器，盡可能減少手抖造成的晃動。當手機感應到微小的晃動時，致動器會讓相機往這個動作的反方向移動，讓相機盡可能地維持在原本的位置。而要讓致動器做到這件事，就同樣需要驅動 IC 來傳遞訊號。

Dongwoon Anatech ——韓國驅動 IC 市場的強者

Dongwoon Anatech 是家專門為智慧型手機設計驅動手機的各種功能時，所需要的專用驅動 IC 的公司。其主力事業是用於相機上的 AF（Auto Focus）以及 OIS 用驅動 IC，除此之外，也有設計控制顯示器電力的 IC、觸覺回饋 IC 等，主要供貨給智慧型手機製造商。Dongwoon Anatech 負責設計這些晶片，再另外將製造委託給三星電子和美格納半導

體這類晶圓代工廠，或 Nepes（Nepes corporation）、江蘇長電科技（JECT）等後端製程企業來製造。

目前 Dongwoon Anatech 的產品，主要是用來滿足當今大多數智慧型手機的標準化功能，應用範圍廣泛，形成廣大的智慧型手機市場。產品主要供貨給三星電子和中國企業，產品生命週期相對較短。雖然表面上看起來所有的智慧型手機都搭載了相同的 OIS 功能，但根據智慧型手機的產品種類和上市時間點，致動器的驅動技術也逐漸出現開環（Open Loop）、閉環（Closed Loop）、折疊變焦（Folded Zoom）等變化。當出現這些技術性變化，就更加需要新款驅動 IC。Dongwoon Anatech 必須針對這些變化預測客戶的需求，並早一步開發新版驅動 IC。因為技術變化的速度愈來愈快，持續開發新產品的能力，幾乎與一家企業的長期成果成正比。萬一開發失敗，在絕大部分銷售取決於少數產品的情況下，企業的生存將受到威脅。這與先前提到 ABOV 半導體長期販售多樣產品的模式截然不同。身為投資者，必須知道儘管這些企業都被稱為無晶圓廠半導體製造商，但經營模式卻是完全不同的。

Dongwoon Anatech 憑藉長期產品開發參考資料（reference，供貨經驗或供貨紀錄）而被譽為韓國 AF 及 OIS 驅動 IC 企業第一名，並與美國安森美半導體（ON Semiconductor）和日本旭化成（Asahi Kasei Corporation）等國際級企業形成競爭格局。

非記憶體半導體
LED 的增長尚未結束

LED 技術門檻低，讓大批競爭者搶進

　　嚴格來說，LED 也算是一種非記憶體半導體，但通常，LED 產業會和非記憶體半導體產業分開論述。因為 LED 沒有負責處理訊號的功能，並擁有類似發光設備市場的特點。

　　LED 是由自由電子濃度高的 N 型半導體和缺少電子的 P 型半導體結合而成的，這種結構稱為二極體（diode），再加上會發光的特性，便將其取名為「發光二極體」（light emitting diode）。而根據結構的材料是無機物或有機物，再去區分為 LED 或 OLED。只要對這種簡單的結構施加電壓，LED 就會運作。

　　LED 的構造相當簡單，非常容易製造。如果將半導體比喻為高樓大廈，那麼 LED 就是小型的獨棟住宅。因為製造技術的門檻相較其他半導體產業來得低，使得許多公司如雨後春筍般林立，自二〇一〇年以來，一直持續進行重組。積極推動 LED 事業的 LG Innotek，儘管透過量產來降低成本，但 LED 事業仍持續呈現赤字。雖然試圖將重心放

在紫外線 LED 等特殊市場來調整獲利，但最終，還是在二
〇一九年裁撤了 LED 事業部（目前透過其他事業部門維持部分
業務）。

　　LED 市場中，照明市場占了最大的規模，其次是光源
和融合市場，也占了很大的比重。照明用的 LED，通常產
品尺寸大、效能偏差小，視為企業可以輕鬆進軍的領域，
也因此造成現在市場上眾多公司林立的狀況。

改善對比度的 Mini LED，尋求提高獲利

　　另一個經常使用到 LED 的領域是顯示器。LCD 的最後
方設有一塊單色背光（backlight）的光源，通常會透過液晶
和彩色濾色片來轉換成各種畫面，主要以白色或藍色作為
LED 的光源。LCD 技術的平均化已經有相當水準，顯示器
專用的 LED，在技術方面存在的偏差也非常小。

　　約在二〇一八年，一款以全新背光為基礎，名為 Mini
LED 的 LCD 正式問世。由於 LED 螢幕的整體亮度取決於
幾個 LED 光源，因此在顯示器啟動的狀態下，不能關掉
LED。但在這個過程中，光源會從像素間微微洩漏出來，
無法呈現出最完美的黑色。基於這個原因，能以像素為單
位來閃爍、呈現出完美黑色的 OLED，對比度比 LCD 更加
出色，因此適合用來觀賞暗色調的電影或恐怖驚悚片。

　　主要生產 LCD 的台灣與中國面板公司，必須牽制快速
轉換為 OLED 的韓國企業。為此，他們開始主導 Mini LED
的開發。Mini LED 不是單用幾個 LED 作為 LCD 的光源，

而是用了成千上萬個 LED 來作為光源。當光源的數量大幅增加，在表現黑暗的場面時，可以只關閉或調暗部分黑暗區域的 LED。這麼一來，對比度就大大地改善，呈現出近乎 OLED 水準的顯示器。事實上，Mini LED 和 LG Display 主推的 W-OLED，以及三星顯示主推的 QD-OLED 互相抗衡、形成競爭格局，而這也成為部分風險因素。雖然 OLED 價格非常昂貴，但效能與基於 Mini LED 的 LCD 差不多，因此並沒有太高的價格競爭力。

Mini LED 市場為 LED 製造商帶來成長的機會，隨著搭載在顯示器上的 LED 尺寸急劇縮小，製造技術也較先前更為困難。且因需搭載大量的 LED，獲利也跟著數量的增加一起大幅提升。總而言之，針對高價 OLED 面板進行投資的各大韓國顯示器企業，未來也將繼續與低價產品展開激烈競爭。

CHAPTER

5

開始企業分析——
了解半導體企業的類型
與無晶圓廠公司

Investment
in semiconductors

分工：
了解投資企業的
第一步

設計與製造分離，認識半導體獨特的產業結構

　　下定決心要投資半導體產業，雖然查找了各種資訊，卻還是有些始終無法理解的地方。查閱企業的公司年報時，介紹是一間將自行研發的晶片銷往市場的企業，然而更深入調查後發現，他們並不自行直接生產晶片。又或者，有些企業說是晶片製造廠，但實際上，市場上沒有他們推出的半導體產品。真是讓人一知半解。還有些企業會在公司年報裡直接地表示自己是「無晶圓廠公司」。「無晶圓廠公司」這個名詞有那麼通俗嗎？這讓企業年報看起來不那麼易懂。

　　在投資之前，了解半導體公司生產什麼樣的晶片固然重要，但也不能忽略製作出來的晶片是以何種方式銷售，以及如何獲利。半導體產業的結構特殊，和一般的製造業不一樣。一般製造業會一條龍包辦產品開發、生產與

品管；而半導體產業有著晶片研發與製造，明確分工的產業結構特性。

三種半導體公司——無晶圓廠公司、晶圓代工、IDM

包含記憶體與非記憶體在內，半導體的種類數不勝數。光是生活周遭的家電，就有超乎我們想像的半導體晶片。冰箱的溫度調節功能、製冰功能以及其他操作功能，全部都需要運算半導體，和負責設定、儲存的記憶體半導體。未來隨著電動車與自動駕駛車的商用化，原先不常使用半導體產品的產業也會開始出現大量半導體需求，半導體的重要性也與日遽增。以車用半導體為例，不僅有多種感測器和運算裝置，還有駕駛輔助與通訊晶片，以及為方便使用者的娛樂用媒體晶片等，光種類就超過數百種。半導體晶片的種類多，生產其晶片的企業當然就數不勝數。半導體業內龍頭有英特爾、三星電子、SK 海力士等企業，不過這些企業能一手包辦、製造出這麼多的半導體嗎？當然不可能。產品的種類愈多，就愈難只靠一間企業去製造出所有的產品。

半導體晶片的生產主要分成：設計與製造兩個過程。但是，設計與製造需要兩種完全不同的技術、人力和投資。這兩個領域各自獨立，如此一來，半導體企業也都各有各自的難題。半導體產業發展初期，由一家企業同時完成設計和製造並非難事。因為晶片的種類不算多，且當時半導體產業的發展方向也有一定的相似程度。然而，隨著製造

程序逐漸變得複雜，再加上市場需求漸漸多樣化以後，很難再由一家企業同時負責設計與製造晶片。

此外，為了解決設計與製造這兩方面的難題，技術在各自領域內不斷發展，漸漸地，這兩個領域就變得愈來愈專業。市場上需要的晶片種類愈變愈多，愈來愈難靠少數幾間大企業去設計出所有的晶片。有些企業雖具備設計新款晶片的專業能力，但由於資金不足，無法生產製造。再者，生產半導體時所需要的設備投資規模將近數千億韓元，對於多數半導體業者而言，要為購入新設備進行投資絕非易事。在產品銷售之前就進行大規模投資，本身就是一個相當大的風險，若再加上產品銷售不力，甚至可能會造成企業倒閉。

因此，半導體產業開始逐漸將設計與製造的領域分開。隨著專門負責設計與專業製造的企業慢慢出現，半導體專業分工的現象也變得更加活躍。原先一手包辦設計和製造的 IBM 和 AMD 也開始放棄製造領域，只專注於設計的部分。

在這種變化之下衍生出的結果，是半導體產業分成專門負責設計的無晶圓廠公司（fabless，無晶圓廠之意，台灣多稱 IC 設計公司）；當 IC 設計公司完成設計後，接著製造的晶圓製造廠；以及進行上述所有作業的整合元件製造廠（IDM，Integrated Device Manufacturer）。因此，在投資半導體產業時，必須相當清楚自己想要投資的企業屬於哪一種半導體領域。因為無晶圓廠半導體製造商、晶圓製造、IDM 等類型的企業，競爭力、獲利方式、成本、風險因素皆不相同。

想認識半導體產業，就必須先了解無晶圓廠公司與晶圓代工。這種區分方式並不是只有在半導體業內可以看到，建築業也是設計與建造分開的案例之一。建築業包含以下幾種分工，首先是專門負責設計大樓的公司，再來是負責企畫與管理整個建設專案的公司，然後是實際進行施工的工程公司以及大大小小的外包廠商。而半導體的產業結構也十分類似。

無晶圓廠公司
的誕生

晶片專業化，催生 IC 設計公司

一九六〇年代到一九七〇年代，半導體製造以垂直整合模式為基礎，因此，設計和製造兩者沒有分工，當時幾乎沒有無晶圓廠或晶圓代工的概念。晶片設計廠擁有自己的生產設備，也在製造程序中投入相當的預算。然而，以技術密集型的產業特性來說，半導體產業的技術門檻快速提高，且市場需要的半導體晶片種類也愈來愈多樣。一九六〇年代，半導體晶片的研發以能搭載於多款電子裝置的通用產品為主，但隨著晶片的功能逐漸專業化，且應用範圍漸漸受限，也慢慢失去了原本的通用性。

但是光靠為數不多的半導體製造廠，無法滿足所有的市場需求。矛盾的是，當時晶片的生產能力遠遠超出市場的需求，最後自然而然演變成「晶片設計」與「晶片生產外包」這兩種商業模式。替特定客戶設計特定產品的 ASIC 市場（Application Specific Integrated Circuit，特定應用積體店電路）以及替許多具有類似應用的客戶設計產品的 ASSP 市場（Application

Specific Standard Product，特定用途標準產品），在這時開始蓬勃發展。第一家無晶圓廠公司，是成立於一九六九年的 LSI 計算機系統公司（LSI Computer Systems）。而在一九七〇年代至一九八〇年代，無晶圓廠的市場開始大幅成長。

無晶圓廠公司和晶片設計的無形資產

無晶圓廠公司並不需要鉅額的資本去投資生產設備，相反地，他們會將投資設備所需的資金投入關鍵人力與新晶片開發上。無晶圓廠的公司所開發的產品並不是有形的產品，而是無形的設計資產，這樣的設計資產稱作 IP（intellectual property）。IP（＊編按：這裡所指的 IP 為 IC 設計所使用的智慧財產權，也就是矽智財，但因為原文在提到 IP 時只寫了 intellectual property，並未寫清楚全稱：Semiconductor intellectual property core，特此說明）除了帶有智慧財產權的涵意之外，還有「以現有設計財產為基礎，往後可以再利用的設計資產」之意。

IP 可以是一張最終完成的晶片設計圖，但業界更常見的會是劃分 IP 晶片內部的主要功能區塊來設計，或是除了特定的硬體之外，還包含控制其他電路訊號，跟其他元件連接的介面等其他功能。實際上，無晶圓廠的公司大量使用 IP，是為了可以重複使用滿足特定功能的功能模組，在這過程中，會讓設計的某些部分標準化。儘管，無晶圓廠的公司可能會重新製造 IP 模組，但他們也會大量採用現有的 IP 模組來開發晶片。

IP：
壯大半導體產業的
原動力

　　之所要專業分工，主要原因在於，鉅額資本投資以及市場對各種不同晶片的需求。由於鉅額的資本投資，而讓晶片製造由少數資本密集型企業一肩扛起；而各種不同晶片的市場需求，則讓晶片設計由許多擁有專業人力與能力的企業負責。即使晶片的種類不同，不過製程有一定的規則，因此可以由少數幾家企業製造晶片；但晶片的種類很多，設計晶片需要豐富的經驗和技巧，因此需要讓許多企業共同參與市場。因此，隨著晶片多樣化，無晶圓廠公司的數量也跟著增加。所以，在研究無晶圓廠公司以前，不能以單一標準去判斷一間企業，而是要明確地判斷這些企業負責生產哪些產品。

　　世人普遍認為韓國的非記憶體半導體競爭力不強。會有這種想法，背後存在無法像英特爾、輝達等半導體大廠一樣，製作出高階非記憶體晶片等現實問題；但主要原因之一，也包括負責多種晶片開發的中小型無晶圓廠公司的數量與能力不足。非記憶體半導體的種類很多，為了擴大

非記憶體半導體的市占率，必須打造出囊括形形色色的無晶圓廠公司市場。中國市場在政府政策大力支援下，目前有超過一千家的晶片設計公司。

提到無晶圓廠的公司，你可能會認為是從無到有設計出一片晶片，但實際上，並非如此。利用可重複使用的 IP 模組來完成晶片設計，在業界很常見。因此對於無晶圓廠的 IC 設計公司而言，能夠多方運用其他企業的 IP，是很重要的能力。縮短開發週期，短時間內研發新一代產品是無晶圓廠的競爭優勢，但如果要從頭到尾設計出晶片所有的功能區塊，勢必會花上很長一段時間。此外，不用其他企業的 IP，單純自行研發晶片的話，也可能會出現相容性的問題。基於上述原因，這些 IC 設計公司在設計晶片時，會盡可能地使用已經開發設計好的 IP 模組，但問題是每使用一次其他企業的 IP，就必須另外付費。

規模較小的中小型無晶圓廠公司的財力有限，因此很難像其他無晶圓廠大廠一樣，大量使用其他企業的 IP。這可以歸咎於企業間的競爭力差異，但當這些個別的企業競爭力結合起來，其實就等同於一個國家的產業競爭力。為了打造穩定的無晶圓廠生態系，必須打造一個即使是資本額低的無晶圓廠的設計公司，也能踴躍使用 IP 的產業生態。這也是為什麼需要在政府的主導下，直接或間接地提供支援的原因，像是為無晶圓廠公司打造 IP 平台、提供 IP 使用費優惠政策，以及支持企業與大企業的 IP 共享和共同開發。近年來，雖然韓國政府持續提升對相關企業的支援力度，但要讓非記憶體半導體產業起飛，光憑這樣的支援

規模，還遠遠不夠。

IP，節省晶片開發的成本與時間

　　IP 是從一九九〇年代中期開始正式被引進。隨着半導體製程逐漸微型化，電晶體的尺寸逐年縮小，大小縮小到了 0.35 微米、0.25 微米。到了二〇〇〇年代以後，一個晶片裡有超過 1000 萬個電晶體。[14] 晶片的集積度不僅讓製造程序變得困難，也使設計變得更加複雜。用以前的方式，很難在一張設計圖上畫出 1000 萬個電晶體，因此，晶片漸漸邁向區塊（blocking）化，每家企業會專注在自己專門的技術領域去強化設計。

　　在這種氛圍下，有些無晶圓廠公司會利用其他企業的 IP，去設計出晶片產品；但也開始出現有一些企業只專注於開發 IP，而不把晶片設計出來，並以授權出售 IP 的方式為主要的營收來源。最具代表性的公司就是英國的安謀控股（ARM Holdings plc.）與美國的新思科技（Synopsys）。而蘋果、高通、博通（Broadcom）等企業，則是積極使用上述企業研發的 IP，來完成晶片產品。所製造的晶片愈多樣，就需要使用更多的 IP，這也是為什麼安謀和新思的權利金收益會持續增加。

　　乍看之下，可能會認為安謀和新思是不製造產品，只是單純坐收權利金的企業。但這是對無形資產的概念不了解，

---

14 The Magazine of the IEEE 25(5), 1998.5, p.436.

才會產生的錯誤觀念。安謀和新思為了研發 IP，不斷地投入龐大的資金。若沒有這些企業，全世界的無晶圓廠公司的晶片研發速度將會明顯變慢，技術發展也會因此停滯不前。再者，若沒有這些企業，晶片的價格會因此暴漲，因為無晶圓廠的晶片設計公司就得從頭到尾親力親為地設計晶片，這需要投入大量的資金和耗費很長的時間。一旦開發晶片的時間拉長，人類文明發展的速度也會延緩，因此 IP 設計公司扮演的角色與對產業的貢獻不容小覷。

安謀的 IP，目前在全世界被廣泛使用，市面上的智慧型手機大多數都是使用他們的設計。和安謀相比，也有一些企業即使是規模小，但在專業領域中也具有 IP 競爭力。韓國的上市公司 Chips&Media，雖然被歸類為無晶圓廠公司，但它並不設計晶片成品，而是專注於出售矽智財的業務。Chips&Media 的主要事業領域是影像處理。不論是智慧型手機、電視或車輛的網路監控攝影機在拍攝完高畫質的影片後，必須經過影像處理，而 Chips&Media 就是專門研發這個過程中使用的影片處理IP。在影像處理的過程中，運算處理器會進行複雜的運算，接著由軟體進行額外的影像處理作業，Chips&Media 開發了，可在這兩個領域有效率地處理影像的 IP。

Chips&Media 的 IP 開發，主要是因荷蘭的 NXP（恩智浦半導體）等前端客戶的需求進行研發，當前端客戶使用其 IP 完成產品研發並開始銷售後，就會為 Chips&Media 等 IP 開發企業帶來額外的權利金收入。因此客戶的產品銷售量，也是這些公司擴張的重要變數。

ARM 能創造
超過 50 兆韓元
的價值嗎？

ARM ——低功耗時代的最大受益者

一九七八年，艾康電腦（Acorn Computers）在英國劍橋成立，因其創新的設計和電腦銷售佳績，而被譽為「英國的蘋果公司」。作為英國廣播公司（BBC）推動的專案之一，艾康電腦在一九八二年推出了 BBC 微型電腦（BBC micro）。這款電腦在教育方面的個人電腦市場大獲成功，也讓艾康電腦坐穩了英國市場的領頭羊地位。艾康電腦的工程師，在開發繼 BBC 微型電腦上搭載的 6502 處理器之後的新款產品時，發現自家處理器的商業性不夠高。當時以艾康電腦的規模來說，還不適合進行大規模的投資，因此要開發全新的處理器是一件過於勉強的事。為解決這道難題，艾康電腦必須要找到「以最少投資創造出最大效益」

的方法。隨後，他們考慮從 IP 設計著手。[15] 正好此時，在柏克萊大學進行的第一代 RISC（精簡指令集）專案給了艾康電腦很多靈感。幾名柏克萊的研究生，在不到五年的時間內，開發了極具競爭力的處理器。於是，艾康電腦的工程師採用了第一代 RISC 的設計要素，開發出 ARM（Acorn RISC 機器）架構。所謂的「架構」，簡單來說就是讓電腦運作的最基本指令集。艾康電腦、蘋果公司、VLSI 科技（VLSI Technology）的合資事業就以 ARM 架構為基礎，逐漸發展為今日英國最大的半導體企業——安謀控股（ARM）。

隨著智慧型手機時代的到來，運算模式出現了巨大的變化。智慧型手機時代，人們相當重視功耗，而 ARM 架構的優點正在於，其功耗非常低。因此，當 ARM 架構的應用迅速擴大，中央處理器（CPU）市場的兩大巨頭英特爾和超微半導體公司（Advanced Micro Devices）因而陷入了不知該如何應對這種變化的窘境。而與此同時，安謀開始主導使用在智慧型手機的架構，以及從中衍生出的 IP 市場。現在，在行動裝置市場裡，很難找到沒有使用 ARM 架構的裝置了。蘋果、高通和三星電子皆在自家產品上，採用了 ARM 的架構和 IP。在二〇一〇年智慧型手機應用處理器（AP，application processor）架構的市場上，ARM 的市占率足足有95%，至今的十多年間，其智慧型手機、平板電腦、穿戴

---

15 Chisnall, David (23 August 2010)."Understanding ARM Architectures".Archived from the original on 3 July 2013.Retrieved 26 May 2013.

式裝置的市占率也分別維持在 90%、85% 和 90%。[16] 在最重視低功耗的行動裝置時代，安謀是最大的受惠者。過去行動裝置市場曾一度急速成長，但目前和智慧型手機市場一樣，進入了成長放緩期。然而，安謀的優勢不僅限於行動裝置市場。安謀接下來的目標，是個人電腦和物聯網市場。甚至他們還更進一步，瞄準了伺服器市場。

伺服器市場是中央處理器（CPU）企業拚命想搶占的領域。在二〇二〇年前後，被稱為「伺服器飯店」的資料中心（data center）僅使用全球電力的 3％。然而，據預測，十年後此數值會足足增加至 10％以上。[17] 雖然這意味著伺服器市場將呈現爆發式成長的趨勢，但也可以從中推測出，未來將出現電力消耗過度的情況。能耗就表示成本與發熱。這麼一來，伺服器製造商就必須想方設法冷卻資料中心，面臨的難題也更為艱難。隨著大大小小的伺服器出現在市面上，降低成本將成為更加重要的關鍵。因此，未來的市場很可能不會仰賴價格高昂的處理器。半導體和伺服器企業正致力於降低更多 CPU 的功耗，以實現高效運作和高電晶體密集度。

自二〇一〇年起，安謀就推出了伺服器架構，但當時在市場上並未引起熱烈的迴響。由於伺服器市場優先考慮高性能的 CPU，比起低功耗，英特爾的 x86 架構以強調高

---

16 《朝鮮商業日報》, 2020, https://biz.chosun.com/site/data/html_dir/2020/08/11/2020081101406.html.
17 《Edaily》, 2015, https://www.edaily.co.kr/news/read?newsId=01928646609595568&-mediaCodeNo=257.

性能的特點勝出。實際上，在二〇二〇年底前，安謀在伺服器市場的市占率為 0％，是個令人難堪的成績。儘管如此，有預測稱安謀在伺服器市場的發展前景看好，也讓其他競爭者開始懷有戒心。儘管伺服器市場非常保守，在接受架構改變的態度，表現消極。

在這樣的背景之下，卓越功效的優勢，對安謀的 IP 性能不斷提升的幫助很大。安謀透過在行動裝置市場上累積的專業技術，深入伺服器市場。當每瓦特（W）能提供的運算愈多，就代表著性價比愈高。雖然目前伺服器注重高性能，但今後重心將逐漸轉移到性價比上。二〇二〇年以後，全球雲端巨頭亞馬遜和微軟表示，將摒棄耗電的英特爾 CPU，開發自家以安謀的 IP 為基礎的低功耗運算處理器。微軟還更進一步宣布了，開發從伺服器乃至家用個人電腦市場的 ARM 處理器的戰略。

這種變化的徵兆，其實也曾出現在高度依賴 x86 的超微半導體公司。超微半導體公司的家用電腦依舊非常依賴 x86，但在伺服器市場上，他們將 x86 和 ARM 二元化，並進軍 ARM 平台市場。二〇一六年，率先採用 ARM 架構的 Opteron A1100 系列正是一個開端。不僅如此，蘋果公司在二〇二〇年推出的 M1 晶片，目前雖然僅被用在非高性能伺服器的個人電腦上，但這卻也展示了以 ARM 為基礎製造的產品，除了低功耗外，在性能方面也具備優勢。

二〇二〇年，輝達宣布將以 400 億美元（約合台幣 1 兆 2500 億元）收購安謀（＊編按：二〇二二年二月，輝達收購安謀破局。主要是此收購案讓美國、英國、歐盟、中國等各國政府抱持疑慮，

在擔心產業競爭、國安威脅等情況下，出手干預，最後取消收購）。

他們之所以這麼做，並不單純只是期待能與伺服器市場現有產品形成加乘效果，而是因為他們認為，日後將主宰世界的人工智慧和超級運算，低功耗是關鍵。事實上，輝達還曾提及：「英特爾在設計 x86 架構時，只想著如何將插頭放進插座裡，並沒有考慮功耗的限制」。

輝達已有在自家處理器搭載 ARM 的經驗。由此可知，輝達之所以收購安謀，並不是因為安謀「現在」的市占率，而是看好安謀「未來」的市占率。儘管，目前安謀在伺服器市場上尚未有立足之地，甚至有不少人批評認為沒必要擴大規模，但伺服器市場上，有些企業開始將目光轉向 ARM，逐漸考慮以 ARM 為架構的伺服器，在追求伺服器產品多樣化的同時，做到與既有產品「一加一大於二」的效果。也因此，英特爾必須妥善運用 x86 的性能為武器，方能達到差異化的效果，才有可能維持目前 x86 在市場上的地位。

還有另外掌握
半導體產業霸權
的企業？

　　通常一提到設計，大家就會聯想到利用尺、圓規和鉛筆在一大張紙上畫複雜圖像的樣子，又或是想到線條錯綜複雜的設計圖紙。但其實半導體晶片的設計，與以上描述的過程有些不同。設計由數十億個電晶體構成的晶片的演算法不僅繁瑣，而且連設計圖也很難繪製得出來。（如果只靠一把長尺，用手一一畫出 60 億個接線的話，那麼光是畫線就要花上兩百年的時間！）因此，在繪製設計圖的過程中，EDA（Electronic Design Automation，電子設計自動化）是不可或缺的工具。

　　一九六〇年代，半導體產業的發展初期，負責晶片設計圖的工程師必須將晶片分成不同區塊，並利用鉛筆和橡皮擦，手工繪製晶片的設計圖紙。經過不到十年的時間，這種方式在集積度的提高之後，便不再可行了。於是，一九七〇年代誕生的 CAD（Computer Aided Design，電腦輔助設計）開始被當作晶片設計自動化（EDA）的主要工具，並且隨著 CAE（Computer Aided Engineering，電腦輔助工程）的發展，

EDA 工具也隨之登場。在自動化工具導入產業的初期，許多半導體企業，如 IBM，皆開發了自家設計工具，但這僅能用於自家公司的晶片設計，因此慢慢地開始有人開發了可以讓多家半導體企業共同使用的工具。在這種氛圍之下，EDA 市場在一九九〇年代開始了蓬勃成長。[18]

　　EDA 工具的優點，除了自動化以外，還可以在晶片設計的階段預測晶片的操作和性能。在過去手工繪製的時期，設計過程非常複雜，變數又非常多，導致難以預測晶片的操作，晶片故障的情況也頻繁發生，成為開發晶片的過程中浪費投資成本、延長開發時間的變數。EDA 工具的出現，不僅大幅降低開發晶片所需的成本，而且工具性能的提升，也帶動了半導體企業的設計競爭力。

美國獨占 EDA 市場，進一步鞏固競爭壁壘

　　EDA 不僅廣泛應用於晶片設計，還可以用來設計電子電路和電子設備。這些產品可以讓使用者以各式各樣的方式來設計，也陸續增加了電磁屏蔽設計等具特殊目的的設計，因此 EDA 工具的種類繁多，目前全世界有許多企業都在開發。不過，在半導體晶片設計領域，幾乎很難不去使用新思科技、益華電腦（Cadence Design Systems, Inc）和明導國際（Mentor Graphics）開發出來的工具。這三家企業長

---

18 Kahng, Andrew B., et al. VLSI physical design: from graph partitioning to timing closure. Springer Science & Business Media, 2011.

期包攬了半導體晶片設計圖製作，乃至自動檢驗及生產，開發出相當優秀的 EDA 工具，且他們積極收購、併購其他設計自動化企業，壯大自家規模，大大提升其他競爭者的進入門檻。而這三家企業長時間下來累積了豐富的設計經驗以及開發組件，這讓他們的產品難以取代。這也是為何全球有 90％以上的晶片企業，基本上都是使用這三家的產品。

二〇一九年五月，美國和中國大打貿易戰，美國的制裁使本想積極擴大半導體事業的中國企業華為（Huawei）和海思半導體（HiSilicon）皆陷入了事業中斷危機，而陷入混亂的原因也在於，這三家企業掌握了全球近九成的 EDA 設計。新思科技、益華電腦和明導國際的總部皆位

[圖 5-1] 晶片設計自動化產業的規模，雖然僅占半導體所有產業總規模的個位數，但新思科技提供產品給所有 IT 產業超過 4000 個下游客戶，壟斷了整個市場。

於美國，因此實際上，如果沒有美國的技術，就無法進行半導體設計。

雖說匠人不會將錯責怪到工具上，但俗話說「工欲善其事，必先利其器」，能力再高超的匠人若少了工具，就什麼都做不了。開發自動化工具需要經年累月的豐富經驗與參考資料，以及龐大的專業人才，即便只是開發替代品也得耗時許久。在開發替代品的期間，晶片的性能將愈來愈發達，領頭企業的 EDA 工具性能也將持續提升。

EDA 市場的成長動力──晶片的多樣化

IT 產業的發展，是透過半導體的高規格，和晶片種類的多樣性實現的。人工智慧、邊緣運算、自動駕駛、雲端等新興 IT 產業，都需要設計新的晶片。前面提及的低功耗趨勢也是同樣的道理。當晶片構造愈複雜、種類愈多，無晶圓廠公司的進入門檻就愈高，且設計過程的難度也會跟著提升。

這些困難點，需要 EDA 工具開發企業一同解決。在此過程中，將可以同時受惠於下游產業的成長所帶來的利益。不僅如此，如果亞馬遜和蘋果等新進企業，加入以英特爾和超微半導體公司為首的 CPU 市場，並開始開發自家CPU，EDA 工具的需求自然會增加。當然，新競爭者的加入，會對現有企業及與其他相關企業帶來負面影響。譬如，提供產品給英特爾的設備及材料商，或是從超微半導體公司承接晶片製作的晶圓代工廠，都可能面臨市占率下滑的

慘況。不過，EDA 工具的供應商就另當別論了。現有企業的設計並不會因為新企業進軍 CPU 市場就中斷或減少。新加入的企業，反而還會提高 EDA 工具企業的銷售量。

可以預見，今後將會有更多不同的產業需要更多樣的半導體晶片。當晶片出現新的需求，就會有人開發新的晶片，而支配著市場的少數 EDA 工具企業，當然會樂見其成。

CHAPTER

6

其他類型的半導體企業──
晶圓代工與 IDM

**Investment
in semiconductors**

若認為
晶圓代工是承包的話，
就錯過
投資機會

半導體市場的最強乙方──晶圓代工

　　如果無晶圓廠是設計晶片的企業，那勢必得有人負責製造晶片。到了一九八〇年代後，隨著無晶圓廠公司如雨後春筍般出現，晶圓代工廠也因此應運而生。一九八七年，張忠謀在工業技術研究院的資金挹注下創立了台積電。台積電不走以 IDM（垂直整合元件製造商）為主的商業模式，進行了前所未有的新嘗試。有別於因耗資過大而不願進行設備投資的無晶圓廠公司，一家「專門」進行鉅額投資的企業就此誕生。僅在幾年前，一提到「半導體製造」這幾個字，多數人都還相當無感。在韓國提到半導體，經常有人說：「設計半導體比製造半導體更重要」，在國外偶爾也會有人說，半導體的製造大多集中在人工便宜的亞洲。對全球三大晶圓代工廠之

一，也就是美國企業格羅方德（Global Foundries）來說，這也許是個無稽之言。

但進入二〇〇〇以後，隨著全球半導體需求呈幾何級數增加，開始有愈來愈多的無晶圓廠公司開發晶片，不過龐大的設備投資壓力，以及技術差距造成的限制，導致能製造半導體的企業少之又少。

二〇〇〇年代，台積電逐漸稱霸市場，在全球晶圓代工有超過五成的市占率。這時台積電已在代工領域成為「超級乙方」，其他國際無晶圓廠公司只能勉為其難與台積電進行協商，並私心希望能與台積電抗衡的其他晶圓代工廠早日出現。實際上，從二〇一〇年代中期開始，晶圓代工蓬勃發展，不到五年的時間便迎來前所未有的成長榮景。在當時，無晶圓廠公司若不加價下單，就無法生產晶片。雖然當時普遍認為製造等於承包生產，不過在那個年代，「超級乙方承包商」的地位幾乎跟甲方不相上下。（不過筆者認為用「承包」一詞來形容晶圓代工並不恰當）

這也是為什麼，在二〇二一年，已經退出晶圓代工業務的英特爾，時隔三年，在美國舉國歡騰中，重返晶圓代工。當時以「超級乙方」姿態自居的晶圓代工廠，幾乎都位於亞洲，因此美國當然會感受到威脅。儘管美國占了全球半導體銷售的一半，但一直相當依賴亞洲晶圓代工廠生產晶片，美國境內的半導體產量僅占 12% [19]。截至二〇二

---

19 Semiconductor Industry Association, "2020 STATE OF THE U.S. SEMICONDUCTOR INDUSTRY", 2021.

〇年，台積電、三星電子以及聯華電子（UMC）的晶圓代工市占率已達八成。在此背景之下，美國總統拜登在當選之後，立即下達行政命令，宣布整頓半導體供應鏈，並承諾政府全力支持擴大晶片自給率。[20]

美國半導體產業市占率

51% 全球 IDM 市場	65% 全球 無晶圓廠市場	10% 全球晶圓 代工市場	40% 全球 設備市場	~15% 全球製造 與測試市場

[圖 6-1] 雖然美國在全球半導體設計（無晶圓廠 65%）及設備（40%）市占率皆過半，但晶圓代工生產比重僅有 10%，因此迫切需要確保自身的供應鏈。

　　半導體設計需要大量的專業技術，製造當然也很需要。而且製造半導體，甚至還需要龐大的資金。一個正要開始學做菜的廚師，怎麼可能贏得過有二十年以上資歷、擁有豐富創意料理經驗的飯店主廚呢？之所以會認為承包商「不過就是承包商」，很大的原因在於，對專業技術與資金規模的不夠了解。然而，承包可不像我們想的那麼單純。艾司摩爾（ASML）的曝光機（透過光在晶圓上刻劃出電路的設備）以先進技術獨占市場並獲得極高評價。但是晶圓代工直到最近，卻都還遭人冷眼看待。但晶圓代工廠不也是使用壟斷性的艾司摩爾設備，生產近乎「壟斷水準」的產品嗎？

---

20 Engineering And Technology, "Biden lays out amibition to establish China-free tech supply chains", 2021.2.25.

對於下單的甲方來說，晶圓代工廠無疑是極具影響力的「最強乙方」。

晶片需求多樣化，推動晶圓代工市場的蓬勃發展

韓國代表性晶圓代工上市公司「東部高科」（現 DB HiTek）在經歷多年虧損之後，於二〇一四年轉虧為盈。然而，整頓時所累積的後遺症，加上集團遭遇的難題導致持有現金流不足，使得公司無法投資新設備。就在此時，晶圓代工市場迎來了蓬勃的發展。本來，行動裝置市場以高階產品為主，產品所使用的高階晶片皆由世界一流半導體企業負責生產，但隨著中低階機種市場擴大，中低階產品也開始了激烈的性能提升大戰。不僅是中國的新興智慧型手機品牌，三星電子與蘋果都積極搶占中低階產品市場。也因此，智慧型手機市場上需要的晶片種類迅速增加。由於不像高階晶片一樣有大量需求，因此無法量產。此外，價格競爭力也成為重要的變數。這股熱潮也流向了 DB HiTek，他們專門少量製造如電源管理晶片和顯示器專用晶片等各類產品。訂單開始蜂擁而至，生產線除了維護時間外，產線產能全開，稼動率滿載；儘管如此，卻依然無法消化這麼大量的訂單。

然而，DB HiTek 過去因連年虧損及資本消耗，沒有能力投資新產線。在此情況下，DB HiTek 經營團隊即便想投資設備也束手無策，為此，他們苦惱了不下數十次。後來，DB HiTek 被貼上「無法擴建產線、無法提高產量的企

業」的標籤。有時也會在網路上看到「DB HiTek 確定擴建產線」的新聞標題，點進去之後，底下經常會看到「又被騙了」的留言。在這樣的氛圍之下，人們漸漸開始認為，DB HiTek 是個長期不被看好的公司。即便是他們想生產更多的半導體，也做不到，所以被貼上了不能成長的標籤。事實上，DB HiTek 一直在努力提高製造程序效率，但只有偶爾聽到產量增加個位數的消息。

　　然後，不可思議的事情發生了。儘管產量沒有增加，營收卻依然飆升。這是因為全球晶圓代工嚴重供不應求，無晶圓廠公司被迫加價下單給 DB HiTek 才能生產。二〇二〇年末，DB HiTek 決定提高主要產品的生產價格，他們向客戶宣布，根據不同的產品，價格上調 10 ～ 20% 不等。這意味著，即便什麼事情也沒做，也能創造出比以前更高的營收。某種程度來說，這是一個相當大膽的經營決策。然而對投資者而言，這是種非常有吸引力的經營模式。一些經典的價值投資書籍，會說這種商業模式只有可口可樂之類的公司才做得到。但是這麼多年以來，晶圓代工廠將產品價格調高到連可口可樂也做不到的地步。晶圓代工產能供不應求的情況，看起來仍會持續下去。

全球晶圓代工銷售額（2014 年～ 2024 年）

[圖 6-2] 雖然晶圓代工市場的成長趨勢是顯而易見的，但僅有少數公司能從中獲利。[21]

　　另一方面，在 20 奈米以下製程中，台積電、三星電子、格羅方德等領先者，在製程技術展開激烈競爭，但 7 奈米製程的競爭限縮至只剩下台積電與三星電子。能加入競爭的潛在競爭者也少之又少。隨著 7 奈米製程難度變高，投入的設備投資成本也比前一代製程增加近五成。因為龐大的資本支出，無力負擔的晶圓代工廠紛紛退出 7 奈米製程的競爭，唯有台積電與三星電子反其道而行、積極投資開發 7 奈米製程。這是因為，最先開發出先進製程，就能在市場上優先製造高階晶片，而高階晶片則可提高價格，進而將利潤最大化。

　　對投資者而言，晶圓代工市場主要看是台積電還是三星電子拿下大訂單合約，這對全世界的無晶圓廠公司也至

---

21 IC Insight, Pure-Play Foundry Market On Pace For Strongest Growth Since 2014, 2020.

關重要。萬一台積電與蘋果簽訂了大量訂單合約，之前委託台積電代工的無晶圓廠公司就會開始擔憂。因為台積電將專注於承接規模更大的客戶，相較之下，「較不重要」的訂單將被往後延，而優先順序後延的無晶圓廠公司，往後再簽約時，將會處於劣勢。

在台灣，有一家經常跟台積電相提並論公司，那就是聯華電子（以下稱聯電）。聯電成立於一九八○年，是台灣第一家半導體公司，比台積電更早創立。聯電於一九八五年在台灣證券交易所上市，成為台灣第一家上市的半導體公司，它也在紐約證券交易所上市，可於美國股市進行交易。一九九五年，聯電分拆部分事業單位，轉型成晶圓代工廠。從聯電分拆出來的單位，以專業的設計能力為基礎，發展成現在的龍頭無晶圓廠公司的聯發科、聯詠科技及智原科技。聯電的主要的製造程序還是保留在台灣的新竹市，同時在中國、新加坡及日本也設有 12 吋（300mm）晶圓廠。在分析韓國內無晶圓廠半導體業時，經常能在產業研究報告裡看到聯電這間企業。這是因為，有些企業會委託聯電生產，同時簽訂長期供貨合約，讓聯電提供穩定的晶片貨源。

設計和生產都做得好，
就能賺更多錢嗎？
「IDM」

IDM 的代名詞「英特爾」，興盛與衰落

　　一手包辦無晶圓廠公司負責的晶片設計，以及晶圓代工廠負責的生產製造，就是垂直整合製造半導體公司，也就是所謂的 IDM。在半導體公司的類型當中，這是歷史最悠久的商業模式。雖然這種商業模式主要是生產並販售自己設計的晶片，但若有需求，也會幫其他無晶圓廠公司代工。

　　IDM 廠同時設計和製造晶片，看似非常厲害，然而，IDM 其實也有自己要面臨的一連串挑戰。蟬聯二十五年全球半導體產業王位的英特爾，在二○二○年左右，遭到股東們的強烈反彈。在二○一○年代，在 CPU 市場大獲全勝的英特爾轉而開發物聯網及 GPU 等新產品，但在擴大業務的同時，卻忽視了 CPU 的技術開發。當時英特爾的執行長和技術長認為：「有錢人家就算失敗了，也不會馬上家道

中落」。英特爾在二〇一四年以 FinFET（電晶體的一種）為基礎，推出了 14 奈米 CPU。隔年，以每年輪流提升製程與核心架構的 Tick-Tock 策略（＊編按：英特爾的晶片發展戰略，即更新微處理器架構更新與晶片製程更新的時機錯開，也就是奇數年進行架構更新，偶數年進行製程微縮）為基礎，推出了 Skylake 處理器。

雖然新一代 10 奈米製程門檻相當高，但英特爾仍然是市場上獨一無二的強者。10 奈米製程的技術門檻比想像中高，因此一年後，英特爾放棄了 Tick-Tock 策略，並延後引進 10 奈米製程，重回 14 奈米製程的懷抱。不過在優化製程之後，英特爾以 14+ 奈米為名，推出了新一代產品。然而，新製程並沒有微縮，招來了「換湯不換藥」的批評。

此外，10 奈米製程門檻比想像中高出許多。10 奈米製程充滿了挑戰，包括：需要提高 FinFET 製造和配線密度。一直都游刃有餘的英特爾，再次在 10 奈米製程碰壁，所以英特爾選擇重新優化現有的 14++ 奈米製程，並推出 14+++ 奈米製程，時隔四年後推出了新一代 CPU。按照原本的計畫，早該成功研發出 10 奈米製程、往 7 奈米製程邁進的時候，但英特爾依然停留在 14 奈米製程上。如果英特爾沒有競爭對手的話，人們也許還會認為：「看來 10 奈米製程真的很困難呢」，也不會對英特爾有那麼多的批評。這是因為，雖然 CPU 的性能並沒有顯著提升，但是在改善部分製程後，還是有一定程度的進步。

然而，當超微半導體重新崛起後，問題就來了。在 CPU 市場遭遇慘敗的超微半導體，在英特爾於開發新技術

上遇到困難的時候，直接跳過 10 奈米製程，以 7 奈米製程為基礎推出了第三代 Ryzen 銳龍處理器。這對英特爾來說，顯然是個震驚的消息，但對等待英特爾發表新一代 CPU 的人來說，卻是一大驚喜。在與英特爾的競爭之中落敗的超微半導體，如何憑藉著性價比優於英特爾的 CPU 重返市場？原因在於，超微半導體是家把所有的製造都委託給晶圓代工廠的無晶圓廠公司。

超微半導體積極地採用台積電的新一代製程。相反地，投入鉅額資本的英特爾在新一代生產技術研發中觸礁，落入無法自行生產，也無法請代工廠幫忙生產的窘境。但是，英特爾也不能讓設備投資與研發製程投入的心力付諸流水。

更令人震驚的是，超微半導體在二〇一九年投入的研發費用僅為 15 億美金（約 479 億台幣），同時期的英特爾投入的研發費用是 134 億美金（約 4 兆 2800 萬台幣）。這些公司雖然不是只專注在 CPU 市場，但英特爾在 CPU 研發投入的費用即便高出超微半導體好幾倍，卻依然沒有成功研發出先進技術，這讓我們清楚地看見了 IDM 的局限性。

非記憶體市場競爭激烈，對 IDM 不利

如果 IDM 能在壟斷市場上自由推出晶片，即使客戶抱怨，也能依照自身喜好設計並製造晶片。但是當 IDM 和無晶圓廠公司競爭的話，那又是另外一回事了。和 CPU 市場不同，三星電子、SK 海力士和美光科技等 DRAM 市場中

的絕對強者，都是 IDM。這是一場三間公司都必須掌握設計和生產技術的公平遊戲，毋需擔心來自無晶圓廠公司的競爭，再加上也沒有替這些公司代工的晶圓代工廠（若有必要，這三家公司也可能幫彼此代工！）。DRAM 和 NAND 快閃記憶體在製造儲存單元時，必須使用與非記憶體半導體不同的獨特製造程序，所以台積電不容易生產這類產品。

非記憶體半導體市場就不一樣了。無晶圓廠的 IC 設計公司只要專注於設計，讓他們能以同樣的成本研發出各種不同性能的晶片。晶圓代工廠透過來自各種客戶的訂單，迅速開發出先進製造程序。這對必須同時兼顧設計和製造的 IDM 來說，是一個重要的競爭因素。

英特爾延後導入先進製程，最終造成一連串負面效應。英特爾的大客戶蘋果宣布，將把技術領域從英特爾獨立出來，成立自有 CPU 業務，並推出了一款名為 Silicon 的 CPU 晶片，就連微軟也決定自行研發 CPU。這對一直以來競爭局面變化緩慢的個人電腦市場來說，是個令人震驚的消息。

當然英特爾也沒有這麼輕易就沒落，在經歷幾次起起落落之後，英特爾截至目前研發出來的製程技術依然能與台積電抗衡，若在製程研發上遇到瓶頸，那就像超微半導體一樣，主動與台積電聯繫、向台積電下單生產新一代晶片即可。此外，與過去超微半導體不願涉入的個人電腦市場不同，英特爾在需要更高階晶片的伺服器市場中，依然保有強大的競爭力。

台積電等晶圓代工廠，一直不斷地接到來自許多無晶

圓廠公司的製造訂單。即便產品製造後銷售不如預期，損失也有限，因為可以將所有的製造成本都轉嫁給無晶圓廠公司。然而，IDM 在生產自有產品時已經投入大量的資金，如果銷售成績不佳，只能自行吸收製造成本。

推遲新一代製程開發，無疑對英特爾品牌形象造成不小的打擊。但幸運的是，多虧英特爾多年打下的品牌基礎，讓銷量保持穩定，才沒有一下就關門大吉。

在無晶圓廠公司與晶圓代工廠之間獲利的ＩＣ設計公司

Investment
in semiconductors

畫設計圖賺錢
的企業

無晶圓廠公司與晶圓代工廠的連接點—— IC 設計公司

　　經過興建中的高樓大廈時，會看見張貼在入口處的鳥瞰圖。鳥瞰圖通常會透過繪圖形式，呈現大樓落成後的樣貌。但是在建造大樓時，比起只看得見建築外觀的鳥瞰圖，更需要具體的設計圖。必須明確地標示何處使用何種建材、主要建材之間需間隔多少距離、建材的主要成分以及組成比例、室內裝潢如何設置，連玻璃窗的種類也多達數千種，該如何從中選擇合適的玻璃，這些都需要以更具體的設計圖為依據。這些複雜的作業，會在建築事務所齊心協力進行反覆設計與檢討後完成。一般來說，會根據現場會勘結果來進行初步設計，接著，透過規劃設計、基本設計、實踐設計等詳細的設計流程，來決定具體的圖樣和室內裝修、建材與素材種類。而半導體晶片也一樣，製造晶片前，需要詳細的設計圖。除了零件與電路的位置以外，從晶片形狀與主要結構之間的距離，一直到材料的種類，都需要更加詳細、系統化的設計。不過，這樣的設計是由誰負責的呢？

無晶圓廠公司雖然會設計晶片，但主要設計的是「晶片的演算法」；而這些設計圖幾乎不包含製造程序的相關細節。因此，在正式製造晶片之前，需要重新繪製一次製造程序的設計圖。但由於委託晶圓代工廠生產的無晶圓廠公司與晶片種類非常多樣，晶圓代工廠不可能依照每一種設計圖去重新設計相應的製造程序。晶圓代工廠會根據英特爾、高通、輝達等大客戶的訂單量，進行有限的重新設計工作。然而，無晶圓廠公司並不能接下所有製造程序所需要的設計。無晶圓廠公司必須不斷構思新的晶片以因應變化，由於製程的專業性不足，無法具體掌握製程，因此無法繪製製造用設計圖。因此，晶圓代工廠與無晶圓廠公司，會將重新設計的工作委託給所謂的 IC 設計公司（Design House）。

　　IC 設計公司與其他設計開發新晶片的無晶圓廠公司不同，他們負責將無晶圓廠公司的設計圖重新繪製成製造程序用圖。透過擁有豐富、專業設計經驗的 IC 設計公司，就可以將委託製造後量產失敗的可能性降到最低。此外，由於專門負責大規模設計，因此他們可以更有效地花費重新設計過程所需的 IP 費用。IC 設計公司以統合各種設計圖面為起點，代為進行設計驗證作業，同時也會製作生產晶片時需要的光罩。另外還會制定演算法，以利進行晶片完成之後的性能測試。

　　為了重新設計晶片，就必須與晶圓代工廠分享一定數量的製程相關資訊。這些訊息若被洩露給所有無晶圓廠公司，將可能為晶圓代工廠帶來風險。然而，若是由 IC 設計

公司專門負責設計的工作，就沒有必要將資訊透露給其他無晶圓廠公司。也因此，晶圓代工廠與 IC 設計公司之間，必須建立起深厚的信任關係。當 IC 設計公司逐漸與特定晶圓代工廠建立深厚關係，就會具備晶圓代工廠的專業能力。也因為這樣，無晶圓廠公司在委託晶圓代工廠製造的過程當中，通常都會與晶圓代工廠指定的 IC 設計公司配合。

　　將重心放在重新設計其他公司晶片的 IC 設計公司，其實也一肚子苦水。長期一起工作的同事，離職後創業並大獲成功，身為曾一起打拚的前同事，理當替對方感到開心，但卻又不得不心生羨慕。IC 設計公司的經營必須仰賴無晶圓廠公司的訂單，對開發其他廠商的晶片之依賴度偏高，想多角化經營自身無晶圓廠業務，其實並不容易。若是像創意電子（GUC）規模這麼大的 IC 設計公司，協助開發無晶圓廠晶片其實就非常足夠。但在非記憶體半導體市場快速擴張的情況下，當然會羨慕無晶圓廠公司能隨心所欲進行自主設計。

　　實際上，韓國上市公司 iA 曾有一段時間是 IC 設計公司，後來轉換為無晶圓廠公司，透過 DMB（Digital Multimedia Broadcasting）晶片將事業拓展至車用半導體設計，接著進軍到車用模組市場。然而，當 IC 設計公司進行多角化經營，將事業擴張至無晶圓廠時，就等同於將事業觸角伸及顧客的領域，處境十分「尷尬」。就客戶的角度來說，他們可能會擔心 IC 設計公司竊取設計技術，這可能導致 IC 設計公司失去現有的客戶。因此，有些 IC 設計公司會透過不為人知的子公司，悄悄進軍新的無晶圓廠業務。

IC 設計公司的成長，左右晶圓代工廠的競爭力

在半導體產業初期，其實完全不需要 IC 設計公司。不對，應該是說，最初並沒有 IC 設計公司這樣的概念。僅在半導體製造技術能力還很低的一九七〇～一九八〇年代，大多數的無晶圓廠公司都能直接根據設計圖來製作。但是隨著半導體製程逐漸發展，晶片的種類也愈來愈多，開始有了專門從事設計的企業。IC 設計公司擺脫了單純從事晶片再設計的角色，許多 IC 設計公司負責的工作範圍逐漸擴大到晶片製造後的銷售流通。無晶圓廠公司的專業在於設計，對於銷售幾乎一竅不通。而逐一尋找新的通路，是非常沒有效率的事情。在這種情況下，形成如 IC 設計公司協助代理並賺取銷售手續費的商業結構。

從晶片企畫到流通，由 IC 設計公司一手包辦的模式稱為「一元化服務」（turnkey service）。不過這種商業模式也伴隨著風險，新的晶片開發後，若產品的銷量不如預期，IC 設計公司就失去獲利的機會。

正因為 IC 設計公司的責任重大，無晶圓廠公司和晶圓代工廠的煩惱接踵而至。無晶圓廠公司在外包晶片生產時，除了考量晶圓代工廠的製造能力外，也必須開始考慮 IC 設計公司的銷售能力夠不夠好。若兩間晶圓代工廠製造出來的產品水準相當，只要從中任選一家就可以了，但如果各自配合的 IC 設計公司能力有落差，當然會優先選擇能力較優秀的那一家。就這樣，「IC 設計公司的能力左右晶圓代工廠銷售成果」的局面就此形成。針對無晶圓廠公司進行

的行銷作業，也由 IC 設計公司負責。因為宣傳 IC 設計公司的能力，與宣傳晶圓代工廠生產能力相比，成效其實不相上下。因此，晶圓代工廠會更加注重IC設計公司的管理。現在，只要是擁有 IC 設計公司的晶圓代工廠，就等同於擁有了更高的競爭力。

　　台積電是擁有全世界最先進的半導體製造技術，以及最優秀的 IC 設計公司輔助的企業。台積電與台灣的創意電子、世芯—KY 等八家國際專業 IC 設計公司建立了緊密的關係，組成了價值鏈聚合聯盟（Value Chain Aggregator）。創意電子是一間每年營收達 5000 億韓元（約台幣 113 億），市值高達 1 兆韓元（約台幣 226 億）的大型 IC 設計公司，負責再設計通訊非記憶體晶片與家電產品用晶片，並以擁有全球最快晶片上市能力與高品質晶片生產技術而聞名。這就

[圖 7-1] 台積電擁有世界級 IC 設計公司價值鏈。

是台積電在二〇〇〇年代初期，成為創意電子最大股東的原因。

　　三星電子的 IC 設計公司能力不足，成為三星在擴張晶圓代工事業的絆腳石。因此，一直有人認為，必須以目前已有的大客戶為基礎，持續提高代工競爭力，同時，從長遠來看，也要擴大 IC 設計公司的生態系統，讓客戶更多元，提高晶圓代工的市場占有率。由於三星電子同時經營自家的非記憶體晶片設計業務，因此，委託三星電子代工生產的無晶圓廠公司，難免會擔憂技術洩漏。實際上，三星電子為了消除這項疑慮，拆分系統半導體事業（System LSI）部門，將晶圓代工獨立為單一事業部門。除了這些努力外，倘若三星電子的 IC 設計公司競爭力能夠提升，那麼，無晶圓廠公司也會放下這層疑慮，主動敲三星電子的大門。隨著晶圓代工廠和 IC 設計公司共同發展，韓國的晶圓代工生態系統也能發揮更大的效益。

AD Technology
為何離開
全球排名第一的企業？

與台積電解約，AD Technology 的股價卻暴漲

直到二〇一九年，上市公司 AD Technology 都還是台積電八大價值鏈聚合聯盟的成員之一。但在二〇一九年十二月，AD Technology 正式宣布終止與台積電價值鏈聚合聯盟的合約。解除合約的原因是「為了與韓國國內晶圓代工廠簽訂合作夥伴關係協議」。仰賴全球最大晶圓代工廠也能夠好好發展，為何要與台積電解約呢？雖然令人百思不得其解，但解約後的 AD Technology，股價卻暴漲。這是因為，未來他們將負責三星電子的 IC 設計，受惠於三星電子代工業務擴張所帶來的利益。

雖然 AD Technology 過去是台積電的價值鏈聚合（VCA）聯盟成員，但能經營的客戶卻十分有限。創意電子等大型 IC 設計公司，負責台積電在美國、歐洲、亞洲各地的非記憶體晶片設計。但 AD Technology 負責的，只有 SK 海力士

向台積電訂購，搭配 NAND 快閃記憶體和 SSD 一起使用，被稱為控制器（controller）的 IC。SK 海力士以內部設計能力為基礎，設計了控制器 IC，並委託台積電部分代工，其中再設計的部分，則交由 AD Technology 負責。控制器 IC 是輔助 NAND 快閃記憶體的核心零件，非常容易受到 SSD 及外接記憶體市場好壞的影響。

但由於記憶體半導體屬於景氣週期波動較大的領域，因此，AD Technology 的獲利多寡，往往受到記憶體市況的影響。AD Technology 雖然擁有台積電價值鏈聚合聯盟會員的響亮頭銜，但台積電的訂單量並沒有平均分配給八家 IC 設計公司，AD Technology 僅負責其中的一小部分，也難怪讓 AD Technology 覺得自己只是一顆小螺絲釘。對 AD Technology 來說，雖然必須承受與台積電解約所帶來的損失，但在持續成長的三星電子晶圓代工生態系統中發展、保持領先，是更理想的選擇。

而實際上，二〇二〇年後，AD Technology 對三星電子的開發營業額穩定增長。與無晶圓廠公司在產品出貨後才確認量產銷售收入不同；在晶片開發過程中，就確認開發銷售收入，因此成為預測往後事業經營方向的依據。在韓國 7 奈米製程以下設計能力明顯不足的環境下，透過汰換客戶邁出新步伐，將能彌補過去與台積電合作時期，業績被限制的遺憾。

CHAPTER

8

半導體是
如何製造出來的？

**Investment
in semiconductors**

半導體
到底有多小？

肉眼看不見的奈米世界

我們可以試著想像製造產品的工廠。通常會想到各種設備不停運轉、拴緊、焊接螺栓和螺絲的畫面。但半導體必須徹底拋開以上想法，才能推測出晶片的製造過程。半導體最大的特點就是，在極其精密的區域中製造的。螺栓和螺帽是在人類肉眼可見、也就是毫米（mm）以上的範圍內製造。不過，半導體是在奈米的範圍內製造的；奈米比微米小一千倍，而微米又比毫米小一千倍。雖然人們可能會認為毫米和奈米不過就差一百萬倍，但在製造方面卻已經是天壤之別。目前毫米範圍採用的製造程序，並不適用於奈米領域，因為奈米真的太小了。

建築物是用鐵筋水泥層層堆砌而成，而半導體則是由一顆顆原子堆積而成；這是一個無法靠人的力量完成的領域。國中化學課曾教過，世界上存在的物質可經由拆解再拆解成原子，接著還可進一步拆解出原子核和電子。但原子的體積究竟有多小，原子世界裡到底發生什麼事情，就

不得而知了。前面我們曾提到，矽（Si，原子序 14 號）是最主要的半導體材料。矽原子的尺寸約為 0.2 奈米[22]，不僅連肉眼都無法察覺，甚至連物理課學到的絕對定理——「牛頓運動定律」也不管用，因此又被稱為「量子力學」。而且在比原子小十萬倍的電子世界裡，出現了時間的流逝與我們所生活的世界不同的新物理現象。這個微觀的領域，絕對不是人類能掌控的。然而，就在現代物理學誕生僅一世紀後，人類就把這個不可能，變成了可能。

半導體製程，超精細、超高純度、極精密

半導體是在看不見且不可控的領域製造的。半導體無法藉由在機械設備工廠拴緊螺栓螺帽、在造船廠焊接零件，或在生物工程學研究所用細針刺穿細胞等方法來製造，必須透過特別的方法才能製造出半導體。這並非是透過機械或物理的方法製造，而是像混合化學物質，製造出新藥一樣，一步步地合成材料，製造出半導體。若說與製藥的不同之處在於，半導體不能摻雜任何雜質，因此必須在完全真空的環境下製造。再描述得更具體一些，在完全真空的設備當中，反覆注入各種純物質和氣體並引發化學反應，以形成新的物質，或是運用特殊光束來改變物質的部分化學性質，又或者以原子為單位精密切割已形成的物質，透

---

22 Quarts, Electronics are about to reach their limit in processing power—but there's a solution, "https://qz.com/852770/theres-a-limit-to-how-small-we-can-make-transis-tors-but-the-solution-is-photonic-chips".

過不斷重複上述步驟來製造半導體。

這個過程中所使用的材料，大部分都是日常生活裡無法接觸到的。此外，只要不小心混入幾顆原子，半導體的性質就會完全改變，因此必須使用純度非常高的物質。日常生活中會看到的家用煤氣罐或特殊材料的純度約為 99% 或 99.9%，但半導體製程使用的材料純度為 99.999% 至 99.9999999999%，小數點後有 5 ～ 12 位數。即便是純度這麼高的材料，還是會出現極少數不良品，實在令人訝異。但問題在於，全世界能做出這麼高純度材料的企業可謂少之又少，不同類型材料的競爭力也有著天壤之別，而為了精準掌握材料，必須對於基礎科學有非常深的了解，以及研究基礎科學的尖端人才，這就讓國家之間的競爭力差距更為顯著。這也是為什麼，許多國家將半導體材料技術指定為高科技，並將其視為產業機密，全力支持。

半導體會依照製程而適用不同的技術與科學原理，因此形成了各個製程的高度專業化。當然，每個製程使用的設備或材料都各不相同。各製程間會存在技術門檻上的高低差異，精密製程使用的設備與材料的競爭程度也取決於這一點。這也是為什麼當我們在分析半導體相關企業時，在對營業項目或技術不了解的情況下，僅憑會計知識，很難用同一基準去比較不同的企業。

深入看不見的
半導體世界

如何看見比細菌還小的半導體？

　　人類無法用肉眼看到原子的世界，當然也無法用肉眼觀察半導體的製造過程，我們只能從外面觀察大型設備的運作。忙了大半天，如果連晶片成品都看不到，豈不是說不過去？不過最起碼，在半導體製作完成後，我們可以用特別的方法觀察半導體的橫剖面。這個時候，電子顯微鏡就派上用場了。

　　提到顯微鏡，通常都會聯想到國中生物課時，實驗室的設備：將雙眼對準目鏡，並旋轉物鏡以調整顯微鏡倍率的那種顯微鏡。這是利用鏡片放大物品的顯微鏡，又名光學顯微鏡。然而，光學顯微鏡的解像力（resolving power）有限，最多只能放大 1000~1500 倍。奈米，是無法以肉眼直接觀察的領域。將解像力放大至極限以上再去觀察物體時，會產生兩個點重疊的現象，導致無法準確觀察物體（實際上，廉價光學顯微鏡即使放大一百倍也會變得很模糊）。

　　為了觀察更細微的領域，就必須找出新的方法。而科

學家們找到的新方法，就是「運用電子」。我們在前面的章節曾以奈米來說明原子的大小，而電子，又只有原子的十萬分之一大。電子顯微鏡，顧名思義，就是利用電子來觀察物體，而之所以利用電子，是因為透過更小的物體能觀察到更大的物體。

　　透過電子觀察奈米世界的第一種方法，就是不斷向物體發射電子。如果說光學顯微鏡的原理，是利用透鏡折射光線來放大倍率，那麼電子顯微鏡就是利用電磁去改變電子的行進路徑來放大倍率。在電子顯微鏡施加上萬 V 的電壓以加速向物體發射電子，物體一邊吸收能量，一邊釋放其他電子。被釋放出來的電子會聚集在顯微鏡的感應器上，經感應器讀取後，透過軟體描繪出物體的形態。這種電子顯微鏡，又稱為掃描式電子顯微鏡（Scanning Electrone Microscope，SEM）。根據掃描式電子顯微鏡的性能，倍率可少則十萬倍，多則一百萬倍，可觀察到奈米世界的物體。不過原子還要再更小，因此在觀察原子方面多少存在限制。

　　為了觀察更精細的區域，必須使用穿透式電子顯微鏡（Trans mission Electron Microscopy，TEM）。將需要觀察的樣本切割成幾十奈米大小，並猛烈發射電子使其穿過樣本。用這種方法觀察樣本表面時，並不能看到最完整的表面。不過根據原子的排列結構能觀察到二維晶格結構，再透過各種分析方法推測出樣本表面或是內部的結構。一般來說，穿透式電子顯微鏡可以觀察到奈米單位，不過，在美國和日本的部分研究項目中，曾有透過特殊顯微鏡在皮米（pm）

範圍內觀察到鋰與氧的原子相結合的案例。[23]

　　如果搜尋半導體的剖面照，只會找到各種黑白照片。電子顯微鏡並不是直接放大物體的表面，而是掃描電子，依回傳的訊號再視覺化，因此不會有準確的彩色成像（但可透過高科技顯現紅色、綠色等部分單一顏色！）雖然可以透過軟體技術另外上色，但其實就等同於小時候的塗鴉一樣，並不是真正的顏色。電子顯微鏡會用非常快的速度，將極少量的電子加速並注入物體，整個過程中不能出現任何障礙物。為此，電子顯微鏡必須在真空狀態下進行測試。而要打造真空環境，就必須使用真空泵。所以顯微鏡的體積會相當巨大，通常一個小房間只能放得下一台顯微鏡，與我們認知中的顯微鏡非常不同。

電子顯微鏡，找出半導體材料的瑕疵

　　研究開發階段經常會用到電子顯微鏡。開發新製程時，必須利用電子顯微鏡進行分析，確認特定材料的生成是否符合厚度標準、表面是否均勻平整。在製造過程其實不常用到顯微鏡，不過有些電子顯微鏡會引進生產線，用來即時檢查生產中的產品有無異常。這是為了確保製程沒有出現任何變化，同時確保整個生產線上的產品良率。

---

23 Journal of Electron Microscopy, 60, S239(2011).Erni, Rolf, et al' "Atomic-resolution imaging with a sub-50-pm electron probe." Physical review letters 102.9 (2009): 096101.

由於電子顯微鏡是用來觀察原子世界，操作上當然較為麻煩。必須先放入樣本並就表面調整至正確的焦距，有時甚至會花上數十分鐘。因此，通常都會有專門操作電子顯微鏡的人員在企業或研究機構駐點。最早開發電子顯微鏡的歐洲和日本至今仍握有技術優勢，日本電子株式會社（JEOL）、日立（Hitachi）以及德國的卡爾蔡司（Carl Zeiss）都穩占業界龍頭。

菠蘿麵包
味道不同照樣賣，
但半導體可不同

在原子單位內，防止製程中的差異與缺陷

　　由於半導體是在極細微的區域製造的，因此許多意想不到的變數都會影響產品的性能。有時候，即便是使用相同的設備、相同的材料、相同的製程生產半導體，結果卻完全不同。

　　我們就以麵包店為例好了。試想我們有兩台一樣的烤箱，用相同的材料、相同的步驟製作菠蘿麵包，如果其中一台烤箱做出了漂亮的菠蘿麵包，另一台卻出現了完全不同的麵包，那麼會怎麼樣呢？雖然這種事在麵包店不太可能會發生，但在半導體生產線上，可是三天兩頭就會出現的情形。因為從人的眼裡看來同樣的設備，但在原子世界裡卻存在著些微的差別。無論設備有多精密、使用的材料有多精細，在原子單位 都會產生偏差。如果在第一條生產線使用 A 製程參數來制定工序，當場景轉換到使用同樣設

備的另一條生產線時，就必須找出適用於該生產線的製程參數。這就是為什麼，每當生產線重新啟動時，製程工程師就必須加班的原因。

口味類似的麵包可以賣相同價錢，但半導體的等級可不同

假如，我們用同一個烤箱，一次烤 100 個一模一樣的菠蘿麵包。麵包出爐之後，會發現「正常」的麵包只有 80 個。其中 10 個烤壞了賣不出去，另外十個則是好吃到無法用言語形容。但實際上在麵包店裡，所出爐的 100 個菠蘿麵包，基本上都大同小異。如果換成是半導體廠，即便烤箱性能再好，放入 100 個麵糰之後，一定還是會出現明顯的偏差。

因此，半導體企業在銷售產品時，經常會面臨類似的難題。明明用同樣的製程、同樣的材料製作 100 個麵包，有些成品卻長得不一樣。換成是麵包店，應該會扔掉烤壞的 10 個麵包，並用同樣的價格銷售其餘 90 個麵包。然而，半導體企業無法採用這種銷售策略。半導體企業會將正常的 80 個麵包，以較低的價格賣給加盟店，並為烤得漂亮 10 個麵包另外取一個名字、經過特別的包裝之後，高價賣給飯店裡的糕點店，最後把賣相欠佳的 10 個麵包扔掉，或以極低的價格拋售。

如果在晶圓上製造 NAND 快閃記憶體，就能製造出數百個以上的晶片。透過測試評估晶片的性能並分級後，最好的 A 級品會標上高價銷往 SSD 等高規格市場；B 級產

品則會銷往比 SSD 等級低一階的 SD 記憶卡等中階規格市場；性能最低的 C 級產品，會被加工成最低階的隨身碟產品出售。SSD 是電腦的核心零件，壽命至少須達五至十年。但隨身碟只用一到兩年，就會出現讀取錯誤的情況，產品的生命週期比較短。但其實這些產品都是在同一個晶圓上誕生的。DRAM 和非記憶體半導體也大同小異，經過上述過程後，不同性能的產品會以不同的名稱，銷往不同的客群。

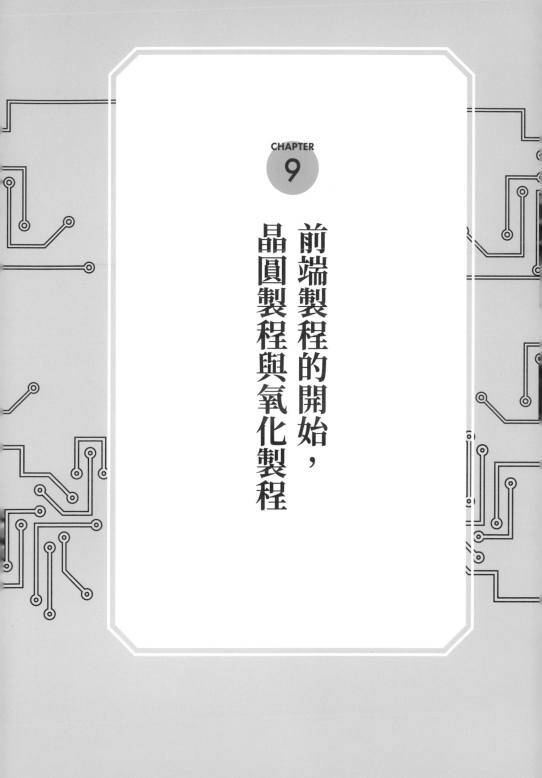

CHAPTER

9

前端製程的開始，
晶圓製程與氧化製程

**Investment
in semiconductors**

由少數企業壟斷的領域，
矽晶圓

晶圓，製造半導體的圖畫紙

建築物建於地上，船造於碼頭，化學產品則是在巨大的設備中生產，而半導體是在名為「晶圓」的圓盤上製造。將晶圓投入生產線，就會製造出少則數十個、多則一千個以上的半導體晶片。依據不同的製程及光罩圖案，可製成 CPU、NAND 快閃記憶體或是 DRAM。

那麼，晶圓具體來說，是什麼呢？晶圓是由前面提到的半導體材料所構成，以矽、鍺、碳化矽為主要的材料。這些原子透過化學結合，排列成有規則的結構後，就是晶圓。晶圓是製作晶片的基底。透過在晶圓上形成各種結構來完成晶片，而最底端的晶圓在製造過程中當成「基板」，同時也具有開關的功能。

晶圓，更均勻、更大

　　說半導體產業的發展與晶圓的品質成正比，可一點也不為過。為了讓晶片的效能均勻化（＊編按：意指製作晶片時，整片晶圓上的矽分子厚薄、純度都必須要均勻，這樣整塊晶圓上切割出來的晶片品質才會一致），必須有規則地排列原子並且不能混入任何雜質，晶圓的表面和邊緣（edge）也必須極度平坦。若晶圓品質不佳，在形成電晶體或隔離電晶體的製程中，就容易產生不良品。因為晶圓是以原子單位製造的產品，要生產出高品質晶圓極為困難。能克服技術上的困難、製造商用晶圓並穩定供貨的企業，世界少見。一直以來，矽晶圓市場都由日本的信越化學、勝高（SUMCO）以及台灣的環球晶圓（Globalwafers）所主導。這些擁有卓越技術實力的企業，有能力搶占晶圓的訂單。

[圖 9-1] 晶圓的尺寸和產能成正比 [24]

---

24 Unsplash, Laura Ockel.

晶圓的面積有多大，產能就有多高。晶圓愈大，每次可製成的晶片數量就愈多。因此在半導體產業中，晶圓的大小一直是個重要的議題。以前的晶圓只有巴掌大小，一次僅能製造出少少幾個晶片。

隨著晶圓技術不斷發展，開發出了尺寸更大的晶圓。最近，光是在一個 12 吋（300mm）的晶圓上，就能製造出一千個以上的晶片。晶圓尺寸從過去的 6 吋（150mm）到現在的 8 吋（200mm），進而到未來的 12 吋（300mm），晶圓的發展，能讓半導體企業降低 20% 至 30% 的成本。[25]

半導體產業的發展，一直以來以矽為主，因此晶圓技術也是以矽為中心開始發展。目前矽晶圓的技術可以用於 18 吋（450mm）的製程，要製造出更大的晶圓也並非難事。相反地，化合物半導體晶圓的尺寸，大部分依然停留在手掌大小。

---

[25] JEITA Nanotopography Experiments.

留意新興強者！
化合物晶圓

從矽到碳化矽、氮化鎵，半導體進化中

　　為克服矽物理性質限制而引進的寬能隙半導體，目前正逐漸加快導入市場，但寬能隙半導體晶圓技術尚不成熟，成了產業擴張的障礙。12 吋（300mm）矽晶圓已經很普遍，目前甚至已經在進行 18 吋（450mm）的量產研究；但目前的情況是，某些化合物半導體甚至很難在 4 吋（100mm）晶圓上生產。矽晶圓在歷經長時間的研究開發後，雖然已有名為柴可拉斯基長晶法（Czochralski process）的量產程序，但氮化鎵等其他物質，因為需要大氣壓數萬倍的壓力與 2500°C 以上的高溫條件，所以無法使用這種生產方式。[26]

　　在製造晶圓時，最困難的就是要將組成晶圓的原子有規則地重新排列好，不能有任何縫隙。要重新排列肉眼幾乎看不見的原子，並不是件簡單的事。再加上用來替代矽

---

[26] Christian-Albrechts-Universitat zu Kiel, Semiconductor Technology, "4.2 Other Semiconductor Crystal Growth Technologies".

的材料最少由兩種以上的元素構成，要和其他原子交互排列就又更困難了。因此，化合物晶圓通常都需要名為磊晶（epitaxy）的高難度結晶合成技術，不同於矽晶圓技術，就算是現有晶圓市場的強者，也必須從頭開始進行研究開發。這也意味者，很有可能會出現新的市場支配者。

實際上，美國的照明元件企業科銳（Cree，現改名為 Wolf Speed）以碳化矽原始技術為基礎，於一九八九年發表製造高純度晶圓的磊晶技術後，便主導碳化矽晶圓市場至今。日本京都大學積極研究了「台階控制外延」（step-controlled epitaxy）技術，奠定了 4 吋碳化矽晶圓製造技術的基礎。[27]

另外，像供應磊晶設備的應用材料及東京威力科創（TEL）等設備廠商，都因擴大晶圓製造設備的供給而受惠。化合物晶圓技術主要以美國與歐洲為中心發展，化合物半導體的需求主要都集中在歐美大陸。歐盟和美國政府很早就意識到晶圓製造不易，因此全力支持相關的研究開發，也對化合物半導體的發展產生不小的影響。[28]

---

27 Gu, Sang-Mo.《碳化矽晶圓與元件技術》電氣的世界 59.2 (2010): 14~17. Ueda, Tetsuzo, Hironori Nishino, and Hiroyuki Matsunami. "Crystal growth of SiC by step-controlled epitaxy."Journal of crystal growth 104.3 (1990): pp.695~700. TKC 在掌握碳化矽聚焦環市場的時期，既有聚焦環市場強者「Hana Materials」之所以會面臨產品開發困難，最大的原因在與製造工序上的差異。

28 28. Mun, Jae-Gyeong, et al.《氮化鎵電子元件技術研究開發動向：以歐美為中心》，Proceedings of the Korean Vacuum Society Conference.The Korean Vacuum Society, 2010.

化合物半導體市場上的新強者

　　晶圓是半導體製造的起點與基礎，韓國的半導體產業還得依賴國外進口，光是這一點對半導體產業的影響，就很令人遺憾。矽晶圓必須依賴日本與台灣，新一代晶圓技術也由歐美主導。SK 集團在二〇一七年收購 LG 集團持有的 LG Siltron，二〇一九年收購杜邦（DuPont）的碳化矽晶圓事業，展現出對於半導體原料國產化的意志。

　　由於矽晶圓的品項不多，且大量生產和穩定供應非常重要，所以有形成規模經濟的必要。這就是少數企業得以壟斷矽晶圓市場的原因。相反地，化合物半導體在市場初期階段，科銳（前 Cree）、貳陸（II-VI）、羅姆（Rhom）以及昭和電工（Showa Denko）等各大國際企業就已進軍，其他想加入的企業也不在少數。

　　化合物晶圓，基本上也需要達到規模經濟。未來將會由誰主導市場，是整個晶圓市場關注的焦點。化合物晶圓還需要擁有多種品項，部分化合物需要調整材料的組成比例，而有些則需要兩種或多種材料的層狀結構。於是部分晶圓必須採用基於「多樣少量生產」的商業模式。與矽晶圓相比，今後可能會有更多市場參與者進入市場卡位，搶占位置。

保護晶圓表面的
氧化製程

氧化矽，晶圓的絕緣保護膜

日常生活所見的電子設備都連接著一條電源線和電線。電源線與電線包覆著厚厚的塑膠護套，而塑膠就是讓電流無法通過的絕緣體。若塑膠無法發揮絕緣作用，電線內的電流就會通到外面，引起觸電或漏電而導致機器無法正常運作。

製造半導體時，選擇絕緣體的材料非常重要。就像電線有塑膠外皮一樣，絕緣體負責阻擋電流的流動。但是並沒有能百分之百阻擋電流的絕緣體，因為還是會有極度細微的漏電流通過絕緣體。因此能阻絕多少的漏電流，是決定絕緣體性能的重要變數。在眾多的絕緣體中，「氧化矽」的絕緣性能絕佳。這對半導體產業而言，實在是令業界振奮。因為晶圓大多由矽製成，透過表面的氧化，能更順利地製造出氧化矽。

薄而慢的乾式氧化，快而厚的濕式氧化

　　在日常生活中，我們經常因氧化感到困擾。氧化也是我們常說的「腐蝕」。氧化會讓電子產品生鏽、無法正常運作，或是讓金屬製品變形，損壞外觀。象徵美國紐約的自由女神像就是用銅製成的，當初法國送出女神像時，還散發著古銅色的光芒。然而，隨著時間流逝，銅開始氧化，褪成現在的鏽綠色。

　　在半導體製程中，人為引起的氧化非常重要。半導體必須透過在基板上不斷形成新材料而製成，而透過氧化形成新材料的方法，廣泛應用在業界。

[圖 9-2] 經過氧化製程的晶圓，在形成氧化矽後，表面會散發紫色的光芒。

　　投入生產線的晶圓會先經過氧化製程。當表面的矽接觸氧氣後，會反應生成數十奈米厚的氧化矽薄層。使晶圓表面氧化的方法，可分為「乾式氧化」與「濕式氧化」兩種。這兩種氧化方法都是將晶圓放入真空設備中，接著在

高達 800 ～ 1200℃的高溫環境下，加入純水蒸氣或氧氣來進行。透過這樣的製作程序，將數毫米厚的晶圓最上面的數十至數百奈米變為氧化矽。透過這種方法形成的氧化膜，在製作電晶體的後端製程中，除了是保護部分晶圓的保護膜之外，也有著絕緣的效果，不讓電流流經一定的區域。不過很可惜的是，在半導體產業中，氧化製程的重要性並沒有想像中高。這是因為，雖然有供給氧化製程所需設備與材料的上市公司，但氧化製程用的產品銷售額實在是太低了。

CHAPTER

10

唯有絕對強者
才能生存的領域，
微影製程

Investment
in semiconductors

用光線
刻畫線路圖形！

微影製程，在晶圓上繪製電路

　　如同電動車、飛機、電話和建築物都有獨有的外觀，半導體也有自己特有的形狀。晶片從外看來只是一片指甲般大小的正方形，但半導體晶片內部結構組成非常複雜。晶片的內部結構與複雜的高樓大廈類似。半導體依其獨特的構造有各種不同的功能，無數個電子訊號沿著複雜的配線移動與運作。

　　在覆蓋氧化膜的晶圓上，堆疊多種結構，最後完成半導體產品。這個過程，需經過數百個以上的各種製程。有些半導體的製程，甚至還超過一千個。在這些製程中，將形成晶片的結構製成特定形狀視為非常重要的製程。就如同在建造數百公尺高的大樓時，連幾公分的誤差都不能容許一樣，半導體甚至連奈米單位的誤差都不容許。微影製程的技術（在基板上蝕刻出需要的電路或線路圖形），可以說是半導體製造的命脈。

　　在過去使用底片相機的年代，相機光圈打開、「喀嚓」

聲響起的瞬間，大量的光線透過光圈進入相機後，在底片上形成我們想捕捉的影像。而後拍好之後的底片，交給相館沖洗後才能顯影。但如果在沖洗照片之前不小心打開相機蓋子的話，底片就必須作廢了。因為底片表面上有一層感光化學薄膜，薄膜塗有可以感測光線的的感光乳劑，在光圈打開的瞬間就會對光線反應，而形成意料之外的化學反應。底片成像之後，從外觀上看起來幾乎沒有任何變化。然而，如果使用顯影劑和定影劑引起底片的化學反應，拍攝的影像便會清晰地顯現在底片上，最後用光照射底片，將底片的影像投影在相紙上，就會形成我們看到的照片。

晶圓也是透過類似這種曝光和顯影的微影製程產出。要說有什麼不同的話，為了曝光出更精密的電路圖案，會在製造過程中大量使用如旋轉塗布、熱處理或是檢測工序等輔助製程。此外，利用光阻塗在晶圓上，接著透過光罩將精細圖案照射在塗有光阻的晶圓上，然後進行蝕刻和沉積製程。半導體晶片的製造過程，就是不斷重複進行這種曝光顯影製程。

微影製程依據在曝光過程中，用來形成圖案的的光源種類，可分成光學微影（optical）、聚焦離子束曝光（focused ion bean）、電子束微影（e-beam）、X光微影（x-ray）等等，半導體製程一直以來完全依賴微影技術。使用的光源則是，具有強大能量、容易改變材料化學鍵的紫外線。反之，相較於光學微影，離子束和電子束的解像力更高；然而，離子束和電子束無法在晶圓上發射大量且均勻的光束，所以不適用於大量生產。因此，離子束和電子束曝光，大部分

只有在實驗室和學校，以研究開發為目的階段。

多虧了微影製程的發展，半導體得以愈做愈小。因為光波的繞射現象（光波遇到障礙物後偏離原本的直線路徑的現象），不同的光決定線路圖案的精細程度。而為了刻出更精細的線路圖案，科學家不斷地研發極紫外光（Extreme Ultraviolet，EUV）和 X 光曝光技術。X 光曝光技術，從一九七〇年代就開始研究，雖然至今尚未商業化，但依然被認為是「新一代曝光技術」。X 光是指波長為 0.01 ～ 10 奈米的光，目前極紫外光微影技術已經發展至 13.5 奈米左右，6.7 奈米以下的光源被稱為 BEUV（beyond EUV），而之所以會這麼常被提到，是因為它與半導體產業息息相關。儘管如此，若要進行 X 光微影，最大的挑戰是設備和材料技術的限制。因為生成光源的技術中，能感測光線的感光材料、引導光線前進的透鏡材料或是光罩材料等技術，全都因技術門檻過高而難以發展。

僅是改變光源，業界使用的材料和元件就得完全替換，由此可以推測，這樣的改變會衍生出相當高額的成本。儘管艾司摩爾為了這些新一代技術研發投注了相當多的心力，但是現在其實更專注於開發能使現有極紫外光更進步的技術。因為無論做出什麼樣的選擇，要在「不可能」的領域裡尋找「可能」絕非易事，但起碼這個選擇還是有些勝算的。經歷這些過程，極紫外光微影設備的性能日益發展，利用紫外線曝光出更精細的電路圖形的技術，也不斷推陳出新。

艾司摩爾
是如何開始主宰
極紫外光時代的？

艾司摩爾的選擇與專注，獨占全球曝光機市場

　　微影製程是集光學技術、材料技術、機械工程技術、細微加工技術、精密控制技術、軟體技術等先進技術於一身的製程。雖然我們簡單用「利用光照在晶圓形成電路圖案的過程」來描述微影製程，但其實要在不到一秒鐘的時間內，動用高科技讓感光劑起最大的化學反應，可是讓科學家們也瞠目結舌。當 NASA 發射太空船，伊隆·馬斯克（Elon Musk）要將人類送上火星時，所有人都圍著電視目不轉睛地守著畫面，邊歡呼的同時也止不住讚嘆。但是對於半導體界的人來說，曝光機在這麼短的時間內，邊移動晶圓的同時、邊照射光線的這件事，比將太空船送上外太空還要神奇。荷蘭半導體設備商艾司摩爾之所以能壟斷曝光機市場，背後也是得益於這樣的技術。

　　艾司摩爾的曝光機是由大量的零件組成的，極紫外光

曝光機更是有超過八千個以上的零組件。這些零組件的供應商都有自己的獨家技術，像這樣的零組件供應商就多達一千家[29]，設備的複雜程度不在話下。晶圓會依循光刻畫出來的路線圖案，以奈米為單位精確地同步移動。這個過程中，在與貨櫃一樣大的曝光機裡，為了降低反射率與光源損失，必須將環境維持在真空狀態。

艾司摩爾集光學技術於一身，也被稱為是歐洲半導體技術集合體。艾司摩爾的企業成長動能來自其核心技術、元件共同研發、完善價值鏈、積極併購、與歐洲無數一流的研究機關和台積電等企業的密切合作。數十年來，艾司摩爾從不分心於其他領域，將所有資源集中在新一代曝光機的研發。這些因素帶動了良性的加乘效應，也造就現在艾司摩爾在半導體產業中，呼風喚雨的領導地位。

相反地，擁有全球最佳光學技術的尼康（Nikon）和佳能（Canon）因自身封閉的公司文化，並未積極進行海外企業併購與技術合作，而是專注發展獨家技術而未能成功進軍艾司摩爾搶占的市場，最後只得把半導體光學市場拱手讓給歐洲。也因此，艾司摩爾成為極紫外光時代的最大受益者；這是因為，早在推出極紫外光之前，艾司摩爾就已經一馬當先。

獨家壟斷全球曝光機製造市場的艾司摩爾是「超級乙方」，連台積電和三星電子都不得不含淚向其購買設備。

---

29 Drawfleurdelis, The president of asml company wants to sell the lithography machine to China, SMIC warmly welcomes i, 2020.10.9.

不過，也有其他公司是艾司摩爾必須仰賴的，那就是在價值鏈中為艾司摩爾提供元件和技術的企業。這些世界級企業擁有其他公司模仿不來的獨家技術，是艾司摩爾堅實的策略合作夥伴。

而其中一個例子，便是蔡司（Carl Zeiss）。對眼鏡或是相機領域有興趣的人，一定聽過這家德國鏡頭專業製造商。蔡司以全球最佳鏡頭製造技術，為艾司摩爾提供曝光機的透鏡和反射鏡等核心光學元件。蔡司出於與艾司摩爾深厚的合作關係，以及出售部分子公司股份給艾司摩爾，兩家公司進而共同進行新一代透鏡研發，並獨家供貨給艾司摩爾。兩家公司緊密合作、共同研發高數值孔徑（numerical aperture，NA）透鏡等核心產品，成為領先全球開發新一代極紫外光微影設備的原動力。二〇一六年，艾司摩爾在這樣的背景之下，收購了蔡司SMT（Carl Zeiss SMT，蔡司半導體）約四分之一的股權。[30] 因為獲得研發曝光機的核心元件和技術十分重要，所以除了蔡司SMT之外，艾司摩爾持續透過併購其他公司獲得曝光機設備相關技術，以取得開發新一代設備的能力。

雖然底片的成像可以幾乎分毫不差地轉印到相紙上，但是在以奈米維度的微影製程裡，奈米大小的圖案要轉印在晶圓上，可能無法如預期那樣，那麼精確的轉印出預設的圖案。因此必須依不同的曝光條件去調整光罩形狀、

30ASML, ZEISS and ASML strengthen partnership for next generation of EUV Lithography due in early 2020s, 2016.11.3.

事前繪圖計算不同製程的圖案，進行良率的模擬作業，以及還需要各個曝光機模組在晶圓上形成的異常圖案的關連性分析工具。這也是為什麼，二〇〇七年艾司摩爾要以 2 億 7000 萬美金收購專門做運算式微影（Computational Lithography）技術的美國企業 Brion Technologies。

線路圖案成形後，還必須透過測量持續進行校正，但在以奈米為單位的情況下進行精密測量有一定的難度。因此，艾司摩爾在二〇一六年以 31 億美金收購了台灣的漢民微測科技（Hermes Microvision），並建立了包含圖案設計到圖案成形檢測的綜合解決方案。另一個艾司摩爾以大膽的投資方式鞏固自身地位的例子，是在二〇一三年收購美國半導體微影光源製造商西盟科技（Cymer）。

EUV 曝光技術，高功率與光源精度築起技術高牆

有許多人可能會誤以為「半導體不就是將紫外線打在晶圓上就做得出來的嗎？」但其實要生成波長短的強力光線，是極度困難的事情。極紫外光技術在一九八六年由當時任職於日本電信電話公司（NTT）的木下廣尾（Hiroo Kinoshita）提出，而後二〇〇六年，艾司摩爾成功研發出極紫外光曝光機，但當時的技術並不成熟，又過了十年，也就是二〇一八年，才真正使用在量產製程中，不難想像技術研發有多麼艱難。也就是說，不成熟的技術阻礙了商業化的進程。

以前的微影製程是使用準分子雷射生成紫外光。然而，

這種方式在生成極紫外光時遇到了難題——難以生成高功率光源。製造出一種在盡力降低原料和電力消耗的同時，還能在不到一秒的時間內轉印、刻畫感光劑分子的光源，比想像中還要困難得多。為了提高晶圓上的化學反應，必須將大量的能量傳達到晶圓表面，而為了維持一定的生產速度，必須使用曝光時間短且高功率的光源。

實際上，早期的極紫外光微影設備的功率只有 10W，比一般量產時所需的功率 100W 低上許多（早期因為極紫外光曝光機光源能量不足，無法應用在量產上）[31]。由於功率低，所以需要更長的曝光時間才能將能量充分傳導到晶圓上，因而拉長了生產時間。原本一小時必須曝光 250 片晶圓的曝光機，現在連 100 片都處理不了。若曝光機無法一次曝光多片晶圓，就必須使用比現在更多的曝光機才能維持產量，這樣一來，單價就會自然而然地提高。

光源精度與高功率一樣重要。光的波長愈短、能容許的波長誤差也愈小，生成 13.5 奈米的光時，不會剛剛好只有 13.5 奈米，而是連周圍的波長也會一起生成，導致出現意想不到的變數情況。因此，極紫外光必須由誤差範圍在 2% 以下的 13.5 奈米波長形成。[32] 此外，光從光源出發到抵達晶圓為止，中間不斷重複縮小與放大的過程中，光源的特性必須保持一致。而能滿足這些條件的技術當然非常有限。因此在生成極紫外光時，會使用名為 LPP（Laser

---

31 ASML, EUV Lithography and EUVL sources.
32 Oscar O Versolato 2019 Plasma Sources Sci.Technol.28 083001.

Produced Plasma，雷射電漿）的技術，將高功率雷射集中在錫材料上，形成高溫、高密度電漿後，釋放出極紫外光源。電漿中產生的光會在不變形的情況下，將極紫外光透過有聚焦功能的鏡子，聚集在一個點上，然後再透射光罩並抵達晶圓。

13.5 奈米
極紫外光
波長範圍

13 奈米
解析度

0.33 數值
孔徑

≥ 125
每小時可光刻
晶圓數量

[圖 10-1] 艾司摩爾公開的極紫外光曝光機性能。目前因為 7 奈米製程中使用的艾司摩爾極紫外光曝光機產能偏低，必須解決投資成本過高的問題並改善設備的性能。

　　在極紫外光出現之前，半導體的曝光機光源技術市場是由西盟科技和日本極光先進（Gigaphoton）兩家企業瓜分。雖然這兩家企業的技術，其他公司難以超越，但西盟科技卻以壓倒性的技術能力展現出比極光先進高兩倍以上的市占率。最後，西盟科技在生產極紫外光時需要的 LPP 技術方面壟斷了整個市場。在美國前總統川普在任期間掀起的美中貿易大戰當中，艾司摩爾之所以放棄向中國出口極紫外光微影曝光機，原因其實在於光源技術。保有極紫外光的原創技術的，是西盟科技所在的美國。

　　艾司摩爾在二〇一二年，以 30 億美金（約台幣 927 億 9500 萬元）收購西盟科技。即使艾司摩爾以鉅額收購西盟科技，將西盟的光源技術變成自家所有，但卻仍無法隨意出口曝光

機，這是因為光源技術是各國視為戰略物資的尖端技術。根據瓦聖納協定，被列為戰略物資的技術不能出口。實際上，美國甚至直接以這個協定為理由，要求荷蘭禁止 EUV 出口。雖然部分原因在於，美國為了避免極紫外光技術被使用在軍事武器上，但是究其根本，可能是在於擔心中國因此取得半導體技術。當然，撇除這些理由，艾司摩爾也沒必要非得將設備出口至中國不可。因為在往後的數年間，排隊訂購曝光機的企業依然會大排長龍，在持續增加產量也依然供不應求的情況下，不管賣不賣中國，都能坐著數鈔票。

聚焦艾司摩爾以外的 EUV 設備製造商

前面提到的獨家透鏡與光源技術，只是極紫外光微影設備眾多要素的一小部分而已。極紫外光微影設備中使用的各種零組件和材料，只是和生產太空船的新材料種類不同，生產難度其實不相上下。能精準移動晶圓和光罩的機器組件也是如此，就連看似微不足道的反射鏡，也是由數千種尖端材料組成的。

光源透過曝光機裡的透鏡跟反射鏡、光罩抵達晶圓，但是全世界只有兩三家企業能生產透鏡、反射鏡、光罩和晶圓上使用的感光材料。而且紫外線的波長很短，容易被透明物體所吸收，降低了晶圓的良率。若為補償吸收所造成的損失而加強光源功率，不但技術受限且原料用量也得增加，無法一味地增加光源功率。因此，光源路徑中使用的零件，可說是動用了所有的技術來將光損耗降到最低。

三星電子和台積電不惜將每片要價數億韓元的玻璃光罩，在沒有保護膜的情況下用於 EUV 製程，願意承擔更換費用的原因就在這裡。

此外，微影製程中使用的揮發性材料會不斷地揮發，容易汙染光學系統並造成光損失。為了防止產生這種現象，必須將曝光機維持在高度真空狀態，而這也會產生額外的成本。另外，在光行進的過程中，改變波長或是引起漫射現象都是不被允許的，因為這也會導致線路圖案被破壞、降低良率。因此，從外觀上看起來就像一小塊玻璃的光罩，其實是由一種光穿透時熱膨脹係數低、擁有特殊光反射率但鮮少為人所知的特殊材料，堆疊好幾十層以上所製成的。光罩製造技術極其複雜。例如在生產光罩製程中，在堆疊層與層的過程中，層間容易出現瑕疵，因此，日本 HOYA 等少數企業獨占了全球光罩市場。

除了曝光機使用的核心零件和材料以外，為了確保製程順利進行，也會動用各種尖端技術。檢測光罩缺陷的 APMI（Actinic Patterned Mask Inspection System）設備，和 24 萬個以上電子束同時繪製線路圖案的電子束微影設備，就分別由日本的雷泰光電（Lasertec）和奧地利的艾美斯（IMS）這樣的公司，以獨家技術壟斷市場。在艾司摩爾曝光機產能不足的情況下，台積電和三星電子展開了曝光機爭奪戰，SK 海力士、美光和英特爾則是連買都買不到。正因如此，在各種檢測與電子束微影設備方面，這些企業也正進行著無聲的激烈競爭。

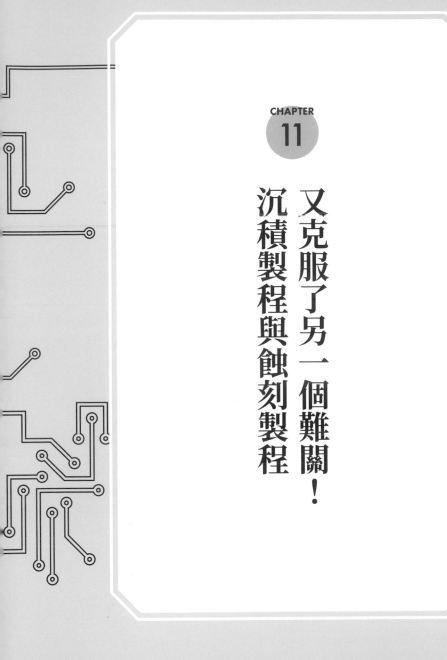

CHAPTER

11

又克服了另一個難關！
沉積製程與蝕刻製程

**Investment
in semiconductors**

以奈米為單位
切割物質

半導體工程微型化，從微米到奈米

　　半導體晶片的橫剖面的結構與高樓大廈十分相似。就像大樓內部空間會有特定的建築結構一樣，晶片也是由特定形狀的結構，重複垂直往上堆疊。為了做出這種結構，必須像小孩子堆疊樂高積木一樣，不斷重複相同的堆疊製程（沉積製程），還有像從沙灘上挖土般騰出一定空間的挖掘製程（蝕刻製程）來製造晶片。

　　看到造船廠建造中的巨大船隻，或是聳入雲霄的摩天大樓，就會對人類的建造技藝感到讚歎。怎麼有辦法毫無誤差地製造出如此巨大的結構，實在令人感到相當神奇。尤其是，人們通常會本能地對眼前的巨大結構萌生強烈的神祕感，但半導體卻不同。

　　半導體晶片在過去的數十年間，不斷地微型化，尺寸從微米急劇縮小至奈米。然而，要將半導體縮小，比將半導體變大還要困難許多。要製造更精細、更小、更窄的空間，靠的是技術。建造建築，建得愈大、難度愈高。首爾

的高速巴士客運站，就是為了打造寬敞的地鐵九號線車站空間，採用特殊工法，利用巨大的管線，最後成功以 15 公分的間隔，在三號線旁邊建起九號線車站，完成歷史性的成果。相反地，半導體則是「愈小愈難」，為了將電晶體之間的距離縮減到只有幾奈米，必須動用各種尖端技術。而這樣的困難在蝕刻製程方面，尤為顯著。

造成蝕刻製程難度提升的原因不只一個。首先，材料的蝕刻不均勻。筆者從小就特別喜歡冰品中的「螺旋冰棒」。螺旋冰棒的粗細適中，可以咬著吃，也可以放進口中旋轉讓冰棒融化。但如果將螺旋冰棒在口中融化，冰棒會逐漸變成不規則的長條形。接觸嘴唇較大的面積會融化得比較快，凹凸不平的地方當中，凸出來的部分也會快速融化。晶圓也會出現類似的情況。進行蝕刻製程時，會在機台設備中放入大量的蝕刻材料，以溶解晶圓上所形成的材料。但是，這些材料在晶圓表面也不夠均勻；此外，設備內部環境也會因為各種原因出現偏差，根據晶圓位置的不同，蝕刻速度也會有所差異，有些區域蝕刻去除過多，有些區域去除太少。

製造半導體時，會動用各種材料來製造複雜的結構。半導體經常被製作成長條垂直的結構，這種形狀幾乎是透過蝕刻製程形成的。問題是，垂直結構中的蝕刻非常困難。

在垂直結構中進行蝕刻製程時，結構物的上下端容易出現蝕刻偏差，這種現象被稱為 lag 滯後或是「負載效應」（Aspect Ratio Dependent Etching，ARDE）。蝕刻主要藉由不

同材料之間的化學反應進行，化學物質注入設備內部後，由晶圓的的頂端向下擴散至底部，對晶圓上的物質進行蝕刻。在這過程中，上端比底部更容易暴露在蝕刻材料裡，因此蝕刻的速度比底部更快，稍有不慎就會導致結構變形或崩塌。

這樣的難題在 DRAM 和 NAND 快閃記憶體中最為嚴重，在將不同類型的晶片封裝在同一塊晶片時經常出現。為了防止發生這種情況，必須更用力將蝕刻材料往下推，此時可以對設備施加更高的電壓，或是營造極低溫、極低壓的環境，也可以採用過去不曾使用的新一代材料來蝕刻物質。美國的科林研發竭盡全力開發這種技術，終於推出開創性的垂直結構蝕刻設備。科林研發就憑藉著革新的設備，進一步鞏固了世界三大半導體設備的地位。

研發技術是半導體開發者、設備廠商、材料企業的共同責任；三者間，若其中任何一個技術環節未能實現，半導體製程將變得極度困難。

用技術與設備，突破蝕刻的障礙

簡單來說，蝕刻製程就是溶解材料的製程。所有的材料似乎都有可被溶解的方法，但有些材料不易被溶解，這使得蝕刻製程變得難上加難。而其中，最具代表性的例子就是銅（Cu）。能夠溶解銅的蝕刻方式和材料十分有限，雖然銅能夠以特定的溶液來蝕刻，但在奈米的尺度內，溶液製程無法達成均勻的蝕刻效果，不能使用在微小的製程

上。因此，為了在微小的範圍內對銅進行蝕刻，採用被稱為「鑲嵌」（damascene）技術的特殊製程。

　　鑲嵌製程是先製作塞滿銅配線的結構體，填入銅之後，利用原子單位間的研磨，將區域內不需要的銅給削掉。在此過程中，使用被稱為化學機械研磨平坦化法（Chemical Mechanical Polishing or Planarization，CMP）的特殊製程，利用研磨墊（CMP Pad）與研磨材料，以物理化學的方式將銅磨平。從投資者的角度來看，必須知道像這種難以蝕刻的材料，不僅需要更複雜的製程，還需要更多的設備和材料。在這個過程中，就會出現像韓國上市公司凱斯科技（KC Tech），美國嘉柏微電子（Cabot Micro Electronics）等將 CMP 作為主要市場、擁有特定製程技術優勢的企業。當精細範圍裡的鑲嵌製程面臨極限，就必須開發雙鑲嵌結構（Dual Damascene）等更加複雜的新製程。隨著要被蝕刻的材料改變、提升製程困難度，就愈需要新的設備和研磨材料。這

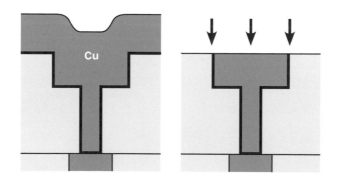

[圖 11-1] 透過鑲嵌製程對不易蝕刻的銅進行研磨，為此投入了多種研磨設備和研磨材料。

樣一來，這些企業的角色就更加重要，新產品的開發成為了不可缺少的任務。當然，搶先開發新產品的企業也領先他人創造了龐大的獲利。

製程上的困難刺激新零件需求

為了執行蝕刻製程，將晶圓放入設備之後，必須先去除設備內的氣體，形成高度真空狀態，製程結束後必須打開蓋子解除真空。但設備體積龐大，真空的形成和釋放至少需要數小時到一天的時間。正因如此，很難在每次開始和結束時打開設備放入和取出晶圓，因為稍有不慎，就可能降低生產力。為此，巨大的真空設備上，設置了被稱為「晶片裝載／卸載腔體」（Load Lock）的小空間。

透過 Load Lock 裝載、卸載晶圓時，是與設備內部完全隔絕的。因此，即使在晶圓被放入 Load Lock 的瞬間，設備中的主要區域仍可維持在高真空狀態。Load Lock 的體積非常小，可以在數分鐘到數十分鐘內迅速形成高真空，透過傳送模組將晶圓放入設備中。對於半導體企業而言，晶片生產效率化是在降低成本方面極為重要的變數，因此在購買零件上面，他們絕不手軟。若設置了 Load Lock，雖然設備結構會變得更加複雜，需要的零件也會增加，卻有能節省整體製程所需時間的優點。此外，韓國上市公司 CYMECHS Inc. 為了與設備廠商一同提升運作效率，擴大了 Load Lock、傳送模組等設備配件的國產化與銷售，不斷凝聚成長動力。

當企業推出效率更高的設備，會由誰受益呢？

由於蝕刻設備具有溶蝕各種物質的特性，設備內部會迅速被汙染，設備的核心零件、支撐晶片的零件都容易被腐蝕。因此蝕刻設備每隔一段時間就必須解除所有真空狀態，進行內部的清洗與零件的更換作業。進行這些作業的期間設備無法運作，所以導致半導體製造生產率大幅下降，而人力的投入也會產生成本。為了降低成本，企業必須想辦法找到將設備維修時間縮至最短的解決方法。

科林研發、應用材料公司、東京威力科創（Tokyo Electron）試圖透過設備自動化，盡可能地縮短維護的次數與時間，但要研發出自動化技術並非易事。這種自動化技術與人工智慧技術相結合，正逐步發展成設備管理綜合平台，這是為了構建全方位設備系統控制平台，除了即時監控設備內部環境外，還能自動更換經常需要替換的設備零件。透過這樣的平台，不僅能提升生產率，半導體企業只需要運作少少幾台設備，就能增加晶圓的出貨量，設備企業也能提高設備價格、創造更高的營收。

設備企業關注
ALD 的理由

沉積製程，完美的均勻化與穩定的品質是關鍵

　　如果蝕刻是去除材料的製程，那麼沉積就是堆積材料的製程。晶片內部使用了非常多種的材料，這些材料會透過沉積製程重新堆疊起來。不過要在晶圓上形成奈米厚度的新薄膜，方法可不只一種。溶解並蒸發特定物質後，讓蒸汽附著在晶圓上的方式；讓物質發生物理碰撞，接著去除後再移動到晶圓上的方式；注入兩種以上的化學物質，透過化學反應形成新物質的方式；透過電鍍形成金屬的方式等。反覆上述過程後，晶圓上便會有各種物質不斷形成。而這些方式，都會根據物質的特性被斟酌使用。

　　在晶圓上形成新物質，乍聽之下感覺很容易，實際上在原子單位的世界裡，這可是件極度困難的事情。若晶圓上吸附了許多的原子或分子，就會產生化學反應，原子間彼此結合。問題是，當我們想將某種金屬物質變成只有 5 奈米厚的均勻薄膜時，在經過沉積製程後，它並不會「乖乖聽話」直接形成 5 奈米的厚度，而且根據晶圓的位置、

晶圓上結構的形態、製程條件的差異、位置在結構的外側還是內側，形成的薄膜厚度也會產生偏差。當某些區域的薄膜厚度為 4 奈米，而其他區域的薄膜厚度為 6 奈米時，會導致晶片性能出現差異，在嚴重的情況下導致晶圓缺陷。在近期的電晶體製造過程中，1 奈米厚度的絕緣體與 5 奈米厚度以下的金屬沉積是必備，均勻度誤差不得超過 1%。

當原子附著在晶圓上時，會互相聚集在一起形成化學鍵，進而開始形成薄膜。但是這種化學鍵在晶圓表面都不是均勻的。我們就假設要在一個大烤盤上烤五人份的醃排骨好了。有些部分因為不夠熟而開始烤焦，但有些部分仍是半生不熟的狀態。也許有人會說因為有些肉塊比較厚，有些地方沾了很多醬料，要烤到均勻熟透當然是不容易。晶圓也是一樣的。

晶圓表面的每個區域狀態不一定如預期，且晶圓的溫度或附著在表面的化學物質的量也不一定相同。更重要的是，在多種原子聚集在一起形成薄膜的過程中，薄膜形成的關鍵——成核延遲（nucleation delay）阻礙了半導體企業的發展，使晶片製造變得困難。多個原子聚集在一起，並逐漸聚合為愈來愈大的物質，但這種成長在晶圓的所有區域裡都沒有想像中均勻，這導致了在晶圓上製造的許多晶片出現性能偏差。在後續的高溫製程中，還會出現薄膜黏在一起造成破損的問題。所以說，要徹底突破原子單位中存在的極限，幾乎是不可能的。但為了盡可能避免上述情況，必須同時開發設備和發展材料技術。這個時候，工程師們可能就需要加班了。

隨著半導體的製造尺寸愈微小、結構愈來愈複雜，沉積製程上出現了更大的阻礙。製程愈精密，物質就愈無法均勻堆疊在複雜的微小結構上，這形成了困難的挑戰。為了克服瓶頸，可以考慮透過改變製程的詳細條件來找到最佳條件，或調整合成出材料的原料物質，但如果這些方法也無法徹底解決，就必須改變沉積材料的設備，甚至是改變技術本身。

　　半導體不容許雜質，因此沉積製程均在巨大的真空設備中進行的。但是，要順利形成想要的物質非常困難。比如晶圓溫度、真空內壓力、流體的流動、施加的電壓或阻抗（impedance，干擾波形或電流的程度）、交流訊號頻率、注入的材料溫度、材料的揮發性、設備內部的晶圓位置等，各種連專家都難以輕易理解的變數重疊在一起，決定了沉積的物質種類和品質。

　　而且，半導體愈細微，晶片內部結構就愈複雜，沉積製程的難度就愈大。難度一提升，意味著需要新的材料、新的設備，材料供應商和設備供應商可以順應這樣的趨勢開發新產品、擴大供應，也就代表著可以發展出規模經濟。但無論是記憶體或是非記憶體，隨著半導體日漸微縮化，結構也變得更加複雜。所以說，沉積製程是個新技術、材料、設備必須持續發展，相關企業也必須持續擴大產品供給的領域。這就是為什麼我們必須將成功提供沉積製程材料或設備的企業，視為適合投資的對象，並持續加以觀察的原因。

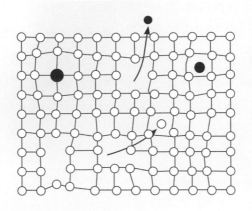

[圖 11-2] 半導體薄膜的原子排列並不整齊！

　　通常我們會認為透過沉積製程堆積二氧化矽（SiO_2），就能形成由矽（Si）原子和氧（O）原子反覆鍵合成的純二氧化矽，但在半導體製程中，不會出現這麼順利的反應結果。由於前面提到的各種製程變數：是否讓原子緊密排列、原子之間的空隙是否太大導致密度太低、原子的排列是否亂套、當中含有多少碳（C）、氮（N）或氯（Cl）等雜質、是否能與周圍物質匹配等多種原因，都會讓薄膜的品質發生巨大的變化。隨著薄膜品質的改變，半導體的驅動特性也會有所不同。因為半導體是以原子為單位製造的產品，因此只要部分原子發生微小的變形，特性就會完全改變。

　　為了製造出符合品質要求的薄膜，在研究開發階段需要投入大量的人力。而為了在商用生產線上製造出與研究開發結果品質相同的材料，量產階段又會需要大量的工程

師。所以說，變數過多的問題，是無法透過設備的自動化、電腦模擬等方式來解決的。必須透過各種試行錯誤和現場經驗，才能在過去的成果和直覺當中找到解決方案。最終，還是需要研究開發人員實際動手微調。

ALD，將原子一層一層堆疊起來建立起材料

如果控制住各種變數，依然無法製造出想要的物料，就必須開發出新的設備去製造想要的成果，或是從根本改變合成物質的技術。因此，從二〇一〇年代中期開始，原子層沉積技術（Atomic layer deposition，ALD）頻繁地被採用。原子層沉積技術是將厚度為奈米以下的物質，控制並形成厚度只有 0.1 奈米的特殊技術，在晶圓上的均勻度高，可以形成密度高的薄膜，有利於沉積高品質薄膜。隨著晶片的內部結構變得愈加精細和複雜時，這種製程就愈來愈受到重視，使用頻率也愈高。

原子層沉積技術從技術開發到普及應用，足足花了二十四年至四十年的時間。最初的技術於一九七四年在芬蘭註冊專利後獲得認可，但有很長一段時間沒有受到產業界的關注。首先，是因為與既有的半導體沉積技術差異太大，化學反應速度也非常慢，而且形成的薄膜也太薄，沒有辦法在短時間內生產出半導體企業需要的厚度。而且在這個製程當中，不同的物質需要設定的溫度也不同，無法在同一個設備中合成多種物質，是其存在的限制之一。一九八二年，國際資訊顯示學會（Society of Information

Display，簡稱 SID）學術大會公布，若採用原子層沉積技術，就能製造出品質卓越的材料，這項訊息使它再次獲得了關注。但其後又花了十五年才導入業界，花了三十年才正式廣泛應用。這證明了半導體業界對生產效率的重視，以及對新技術抱持保守態度。

原子層沉積技術雖然開始在海外逐漸廣為人知，但其實韓國企業也能在相對有利的位置參與市場。這是因為記憶體半導體結構極度複雜且趨微縮化，因此能最先引進新技術的企業，只有三星電子和 SK 海力士。隨著產業界開始使用之前未曾使用過的技術，韓國國內設備商與材料商也迅速著手研發相關產品。原子層沉積技術設備的領頭羊，就是日本的東京威力科創、美國的應用材料公司與科林研發。不過韓國國內的設備商，也從早期就成功向技術含量較低的領域供應設備，並透過提升技術持續擴大供貨範圍。

在興建新的半導體工廠時，沉積設備占整個設備投資費用約 15%～ 20% 左右。隨著晶片持續往微縮化和結構多樣化邁進，幫助提升生產效率與正確形成物質的設備技術也在不斷發展。這些努力將會帶動設備價格的上漲，今後在增設新生產線時，沉積設備所占的比重將維持不變

邁向世界第一的
DRAM 製造商！
溝槽式 vs. 堆疊式

由上而下穿孔的溝槽製程、由下而上堆疊的堆疊製程

蓋房子的時候，往上築高樓，會比將建築物變寬還要來得困難。半導體也是如此。當晶片內部的垂直結構愈多，垂直結構體愈大，晶片的製造就愈困難。這意味著半導體晶片企業在製造晶片時，製程將變得更加困難，設備商或材料商也必須研發出新的設備和材料。也就是說，只要是垂直結構愈多的晶片，設備商和材料商就有機會能銷售更多新產品。

二○一五年，韓國現代汽車集團買下了位於首爾三成洞的韓國電力用地，並公布了建造超高摩天大樓的計畫。但後來又在二○二一年提出了修改案，其中包括為了節省建築費用，要改為分別建造三棟50層的大樓的方案。據悉，若想建造 100 層以上的摩天大樓，需要花費 3 兆韓元（約合台幣 710 億元）以上的建築成本，但若分成三棟 50 層樓的大

樓，只需要花費 1 兆 5000 億韓元（約合台幣 355 億元）。如果將三棟 50 層樓堆疊在一起，就是 150 層的高樓了，為什麼建造一棟超高樓和建造三棟中樓層的高樓，建築費用會差那麼多呢？

大樓的層數愈高，建築費用會翻倍增加。因為大樓的高度愈高，對風和地震就愈敏感，所以核心和骨幹就變大、變重，而在地基工程與安全設備建設上，也需要投入更多的技術與設施。再加上大樓的高度如果變高，每一層樓都得承受更重的重量，因此支撐大樓的鋼筋與混凝土材料也都必須換成更高強度的材料，再次增加大樓可載重。另外，大樓對周邊環境的影響也會變大，會產生更換防空雷達或安裝新的雷達等額外成本。半導體也一樣。

半導體晶片內部由許多垂直結構組成。特別是 DRAM 和 NAND 快閃記憶體等半導體晶片，會形成許多特別巨大的垂直結構。但在原子尺度的微觀區域裡形成垂直結構，是極度困難的事情。就像建造高樓一樣，隨著大樓結構高度增加，難度不斷累積，工程變數也跟著遽增。因此，如何製造符合需求的垂直結構、如何在這種結構上形成新的物質、如何切割結構上生成的材料，就成了半導體研究開發時的重點。

DRAM 的電容器也是製成很長的垂直結構。3D NAND 快閃記憶體也是形成很深的垂直結構，可以製造出許多儲存電子的元件。製造這種垂直結構的方法主要有溝槽法（Trench）和堆疊法（Stack）兩種。

利用溝槽和堆疊製程製作出來的結構，從表面上看起

來，都像是垂直鑽入地面的水井，但其實兩種製程存在明顯的差異。溝槽製程是由上而下穿透晶圓上的物質來製造垂直結構的製程，而堆疊製程是由下而上堆積新物質製造垂直結構體的製程。溝槽製程就像往地下挖，去建造地底的建築物，而堆疊製程就像在地上建造高樓一樣。

三星電子不用主流溝槽製程，改採堆疊製程，主導 DRAM 市場

一九八六年，三星電子開發 4MB DRAM 晶片之時，引領記憶體半導體技術的日本電氣、東芝、美國的 IBM、德國的英飛凌科技等晶片企業在製造現有的記憶體半導體時積極使用溝槽工法，開發出新一代 DRAM。但是，三星電子和日立等少數企業卻做出了不同的決定。

三星電子在經過一番研究後，發現在形成 DRAM 內部的電容器時，採用堆疊製程比較有利。與溝槽製程相比，堆疊製程較簡單，可以節省製程的成本，且若完成的晶片出現問題，也能夠迅速找出原因並解決，有利於縮短新產品的開發週期。這樣的判斷挑戰主流看法，與世界一流半導體企業完全背道而馳，非常大膽。因為引進堆疊這項新製程後，如果發生意想不到的問題，因而延宕產品開發，不但可能造成後續產品開發競爭力下滑，甚至會導致企業的頹敗。

實際上，三星電子內部有許多人認為應該要採用溝槽製程才對。儘管如此，李健熙會長還是匯集了部分研究員的意見，下令以堆疊製程製作新一代 DRAM，最

後在一九八八年二月，首次推出了運用堆疊製程製作的DRAM。得益於此，三星電子的 4MB DRAM 成本競爭力進一步提高，韓國國產 DRAM 與日本產 4MB DRAM 幾乎沒有價差，成為三星電子在 4MB DRAM 方面實現全球市占率第一的重要動力。隨著時間過去，堆疊製程愈來愈受到歡迎。在早期就引進堆疊製程以來，三星電子憑藉著極具優勢的成本競爭力和產品開發能力，大幅拉開與競爭對手的差距，鞏固了在 DRAM 市場的地位。

一九八六年，當時除了三星電子之外，同樣也在開發DRAM 的現代電子跟隨日本與美國的主流 DRAM 技術，試著採用溝槽製程開發新一代產品，在經歷了 4MB 產品開發失敗後，迅速調整為堆疊製程，才得以繼續開發 16MB DRAM。雖然最後得以倖存下來，但中間繞了多次遠路，不得不付出過程中反覆試驗的鉅額成本。而在當時，與韓國三星電子一同在 4MB DRAM 方面採用堆疊製程的日本日立公司，也成功提升了競爭力。當時日本 DRAM 的領先兩家企業：日本電氣和東芝，這兩家企業將製程由溝槽調整為堆積製程的速度較慢，日立趁機縮短了與對手差距，最終在一九九〇年代中期一舉超越，成為日本第一大的DRAM 企業。

堆疊，製程容易和低成本，成為 DRAM 的製造標準

溝槽製程必須更精細地穿透深層結構，並且在深層形成的細部結構上堆疊材料，因此，和只要專注在堆疊的堆疊製

程相比，溝槽製程會更複雜，成本也更高。隨著微觀區域內的製程增加，要維持良率也變得更加困難。相反地，堆積製程就像是在地面上興建建築物，從外面就能清楚看到完成的建築物結構。若在地下深處建造建築物，就無法從外面觀察到建築結構。如果溝槽製程發生問題時，就必須再挖一條溝來檢查結構，晶片分析時間必然有所延遲。

不過，堆疊製程當然也有缺點。比如，堆疊結構的品質不如溝槽製程，會有 DRAM 的性能不良或出現缺陷的風險。而且堆疊製程堆出來的結構會比溝槽大得多，必須在微縮結構方面多下功夫。此外，由於在晶圓上堆疊巨大的結構，所以，結構上端表面會出現不平坦的問題。因此，若在這個製程的晶圓上製作傳遞訊號用的眾多電路佈線過程中，無法與其他晶片製程相容。即便如此，堆疊製程還是比溝槽製程容易，且有利於節省成本，最終成為 DRAM 製造程序的標準。

要在晶片內部製造垂直結構非常困難，深度和直徑是決定難易度的重要變數。即便是很深層的結構，若結構本身的直徑夠大，也會比較容易製造。但如果要把非常細的結構做得很深，難度當然就會跟著提高。高樓大廈也不能在面積不夠的情況下就一味地往上蓋。因此，深寬比（Aspect Ratio，簡稱 AR）常用來作為說明溝槽和堆疊製程難易度的指標。深寬比指的是溝槽深度與直徑的比例。如果直徑小、但深度較深，在製造的過程中就會出現倒塌，或側壁太靠近導致堵塞問題。

隨著半導體的微型化，需要直徑更窄、更深的垂直結

構，因此增加了半導體的製造難度。尤其是在 DRAM 形成電容器，和增加 3D NAND 快閃記憶體的層數過程中，更是增加了製程的困難度。為了克服這個瓶頸，需要更多的設備和特殊的材料。以利用堆積製程連續堆疊出來的 3D NAND 快閃記憶體為例，雖然始於一次形成數十層的單棧（single-stack）堆疊製程，但隨著層數增加至超過 100 層，幾乎難以在同一直徑上形成更長的垂直結構，不可能一次做出這些結構。因此，後來技術不斷升級，會先將結構分成數十層，再分兩次製作，這就是所謂的雙棧（double-stack）堆疊製程（往後若層數增加，反覆的次數也會跟著增加！）。

雙棧（double-stack）堆疊製程意味著，晶圓進出不同設備的過程會重複進行兩次，所以產能會下降。NAND 快閃記憶體企業考量到這一點，必須建構更多設備以提升產能。這帶給 NAND 快閃記憶體企業沉重的成本負擔，同時也讓設備企業創造出持續性的營收。因此強化了 NAND 快閃記憶體企業期望能夠降低設備投資成本的需求。為了降低設備投資費用，必須一次打造出更深的垂直結構。因此，就得積極改良蝕刻技術，並引進新的沉積材料，讓製程能更有效的進行。而為了開發新材料，就必須持續增加研究開發方面的投資。

雖然開發新材料也會由晶片廠商自行完成，但考慮到材料的量產，通常會與材料供應商合作開發。若有必要，晶片廠商開發的技術有時也會轉讓給材料供應商。韓國材料公司 SoulBrain 和 LTCAM 與三星電子、SK 海力士共同開發的，高階 NAND 快閃記憶體製造程序所使用的蝕刻材

料，也是在這種深度合作之下的結果。[33] 這也是為什麼，另一家材料公司 DNF，會在二〇二一年透過第三方定向增資的方式，接受三星電子的注資，投資擴建 DRAM 電容器和 NAND 快閃記憶體用的沉積材料生產設備。這些新材料不僅會成為這些企業新的收入成長動能，而且還極具確保盈利的優勢，所以是投資者需要加強關注的重點。

高覆蓋性與均勻度，就是競爭力所在

如果將蝕刻材料注入深的垂直結構中，就可以做出更深的結構。然而，如果結構的深度已經太深，則在這個過程中，蝕刻材料不能充分注入至結構下方，導致難以深入穿透結構。此外，若在垂直的深結構中注入新的沉積材料，就能沿著垂直結構形成非常薄的材料。但是如果結構太深，在這個過程中，沉積材料就很難進入結構深處，會出現材料堆疊不均勻的問題。

在沉積製程中，用來表示材料覆蓋率均勻程度的指標，被稱為覆蓋率（coverage）。沉積材料注入設備時容易接觸到垂直結構的上方，因而形成一層厚厚的薄膜，至於結構的下方，則因為材料較難進入，只能形成較薄的薄膜，使得結構上層與下層的厚度有偏差，而這種偏差的指標就是覆蓋率。所以說，如果結構上方和下方形成的材料出現偏

33《電子新聞》「SK 海力士將 3D NAND 快閃記憶體核心材料『高選擇非磷酸』多元化……LTCAM 供應進入最後倒數」2020.2.17.

差，就會導致晶片性能下滑或良率下降。因此，需要一些材料讓結構下方也能產生像上方一樣厚的膜。

為此，動用了在沉積過程中，不讓材料在結構上方輕易成膜的技術，並且還引進如原子層沉積法等新製程。此外，應用材料公司等設備企業也針對垂直結構推出了專用設備，在垂直結構上沉積材料時，在結構上方同時進行沉積和原子等級的微小蝕刻，並採用抑制上方過渡形成材料的先進技術，引領技術的發展。另外，透過使用頻率愈來愈高的原子層沉積製程專用設備，讓產品得以多元化，同時提高公司營收。[34] 應用材料公司獨家開發的設備，能在極深的結構中均勻的形成超薄膜，在沉積設備市場上，鞏固了競爭對手們難以企及的競爭力。這種競爭力，來自於過去六十年的設備開發能力。這些背景使應用材料公司獲得高度評價，也是應用材料公司在美國股市中經常處於溢價的原因。

所以說，為了在晶片內部形成各種複雜結構、加深這些結構的深度或是在表面形成均勻的薄膜，不僅會需要尖端技術，還需要眾多研究開發人員的努力。這不是光憑製造晶片的半導體企業就能解決的問題，除了晶片製造商之外，設備企業、材料企業都必須一起攜手致力於研究開發。如果其中一個環節無法達標，那麼要在晶圓的眾多結構上形成均勻薄膜，將變得非常困難，這將成為半導體企業被

---

34 US7294574B2, Applied Materials Inc, "Sputter deposition and etching of metallization seed layer for overhang and sidewall improvement".

市場淘汰的導火線。半導體企業絕不會樂見這種情況發生，因此會將龐大的研究開發資源投入垂直結構的製程開發、設備開發以及材料開發上。這就是為什麼一旦在半導體晶片上使用新的垂直結構，就勢必會出現從中受益的設備企業和材料企業的原因。

一窺半導體
設備企業

半導體設備，集現代尖端技術大成

　　半導體設備是運用各種尖端技術製造而成的。因為必須在只有 30 釐米大小的晶圓上堆疊或去除材料，而材料的厚度僅有數奈米厚，且整個晶圓不允許任何誤差。一提起半導體製造設備時，我們想到的會是普通的機床，不過，那些設備是由各種複雜的零件組成，並且用到各式難以想像的先進技術。準確測量設備內部真空壓力的技術、控制設備整體溫度不出現偏差的技術、讓各種高壓和高電流均勻地流到設備各區域的技術、快速去除設備中產生的各種熱能的技術、將極微量物質精準放入高真空狀態設備的技術、將這種物質均勻布滿整個晶圓的技術、精密控制設備內部真空狀態下形成的氣體離子的技術、預測和控制設備內部流體流動的技術、誘導流體在 25 個晶圓上均勻流動的技術等，各種數不完的技術。為了實現這些技術，必須使用了大量的設備與零件，當中許多零組件甚至因為技術上的限制，壽命比較短。

因此，半導體設備企業的特色是，維修銷售額高。提高半導體良率的必要條件之一，就是定期維護設備。隨著製程不斷重複，設備內部必然會被注入的物質和副產品汙染，從而導致零件腐蝕或變質。狀況嚴重時，往設備內部注入氣體的管子會完全堵塞，製程就無法正常進行。這些變質透過肉眼就能觀察到，但一般情況下，很難預測問題到底出在哪裡。這不僅是晶圓良率驟減的主要原因，也是造成設備管理人員不斷加班的主因。因此，這可說是勞資雙方，最避之而唯恐不及的事情。

所以說，定期維護半導體製造設備，清洗設備的核心零件與更換消耗品，是例行工作。必要時，甚至還會更換整個設備的核心零件，就像飛機定期替換引擎一樣。維護設備的需求，會為設備企業創造出額外的營收。

全球最大半導體設備企業——美國的應用材料公司，維護服務銷售額占總銷售額的 25%。應用材料公司透過全球服務事業部門提供維護服務，銷往全世界的所有設備，都可以說是該部門的潛在的收入來源。由於需要不斷進行設備維護，因此銷售額極為穩定。換句話說，只要將設備賣出去，之後自然水到渠成。

	淨銷售額	營業收益（損失）
2020：		
半導體部門	11,367	3,714
應用材料全球服務	4,155	1,127
顯示器部門	1,607	291
其他	73	(767)
整體	17,202	4,365
2019：		
半導體部門	9,027	2,464
應用材料全球服務	3,854	1,101
顯示器部門	1,651	294
其他	76	(509)
整體	14,608	3,350

[圖 11-3] 應用材料全球服務部門占應用材料銷售額的 25%，營收也維持類似的比重。

半導體設備商的在地化，靈活應對、成本更低

　　全球半導體設備公司——應用材料公司和科林研發等主要設備製造商，一直在推動在地化戰略。這些企業的設備主要在美國開發，設備的主要客戶包含韓國在內的亞洲國家，因此在定期進行設備維修管理時，會出現零件的採購問題。即使是設備製造商，也無法預測在半導體設備中的眾多零件中，哪些零件會出現問題、需要立即採取哪些措施。因此，有些零組件並不是從美國公司調來，而是在客戶所在的國家選定零件商，直接在當地調貨。這樣不僅可以將設備公司為應對維修需求而保留的庫存風險降到最低，也可以快速提出解決方案，提高半導體的生產效率。

	2018		2019		2020	
	銷售額 （單位：美元）	占有率 （單位：%）	銷售額 （單位：美元）	占有率 （單位：%）	銷售額 （單位：美元）	占有率 （單位：%）
中國	5,456	32	4,277	29	5,047	30
韓國	3,031	18	1,929	13	3,539	21
台灣	3,953	23	2,965	20	2,504	15
日本	1,996	11	2,198	15	2,396	14
東南亞	411	29	548	4	797	5
亞洲、 太平洋	4,847	86	11,917	81	14,283	85
美國	1,619	10	1,871	13	1,413	9
歐洲	736	4	820	6	1,009	6
總計	17,202	100	14,608	100	16,705	100

單位：美金

[圖 11-4] 應用材料公司的出口比重達到 90%，其中亞洲的銷售比重超過 80%，韓國和台灣是繼中國之後規模第二及第三大的銷售點。這顯示出半導體的製造以亞洲為中心，而為了順利應對突發狀況，全球設備公司正在積極推動在地化戰略。

在南韓，提供應用材料公司各種設備配件的上市公司 IONCE，就是其中的代表性企業。IONCE 是登記在應用材料公司的正式合作夥伴，正不斷擴大南韓設備零件的供應，不僅銷售的零件數量持續增加，且在生產既有零件的過程中也提升了良率，持續穩定成長。除此之外，應用材料公司還在多個國家積極推動零件在地化，這是在其他設備企業也經常出現的趨勢，我們可以持續關注哪家企業將因此受益。

	年度明細		
	2020/6/28	2019/6/30	2018/6/24
銷售額 (單位：百萬美元)	10,045	9,654	11,077
中國	31%	22%	16%
韓國	24%	23%	35%
台灣	19%	17%	13%
日本	9%	20%	17%
美國	8%	8%	7%
東南亞	6%	6%	7%
歐洲	3%	4%	5%

[圖 11-5] 科林研發也與應用材料公司類似，在亞洲地區的銷售比重較高。

微影製程、蝕刻製程、沉積製程，是技術難度極高、涉及的內容龐大、且技術日新月異的領域。透過書本有限的篇幅，難以針對整個製程進行詳細說明，希望未來有機會分享更多內容，或就價值鏈進行相關探討。

半導體製程中的金屬佈線與晶圓級測試

**Investment
in semiconductors**

金屬必然導電嗎？
提及新一代材料的理由

指甲般大小的半導體，以數億條佈線連接數十億個結構

　　半導體的效能隨著電晶體數量大幅增加而提升，高階晶片使用了超過數十億個電晶體。此外，根據晶片的種類，會需要數十億個以上的區域來負責電容器（capacitor）或是浮動閘極（floating gate）等各項功能。然而，要讓數量高達數十億的東西運作，就必須向這些東西傳送電子訊號。也就是說，至少會需要數億條的金屬佈線。令人驚訝的是，數十億個電晶體是由數億個，或數億的倍數的超大量佈線緊密連接的，也就是所謂的導體連線（interconnect）。

　　隨著半導體逐漸微型化，構成數十億條佈線的過程變得愈加困難。要在面積有限的晶片裡做出更多的電晶體，就需要製作更多的佈線。為此，線寬和佈線間的週距（pitch）就必須盡可能縮至最小。這對微影製程、沉積製程、蝕刻製程來說，都是相當大的挑戰。實際上，一直有人認為英特爾在開發 10 奈米 CPU 當時，不得不延遲數年才推出產品，是因為在佈線方面遇到了困難。

如果半導體晶片微型化，電晶體的製造過程就會變得更加困難，在形成佈線的過程中也一定會面臨難關。要在指甲大小晶片內的有限空間裡製造密集的電路，無論是設計還是製程，都是相當艱鉅的挑戰。先前曾提到 NAND 快閃記憶體具有串聯結構，和 NOR 快閃記憶體相比，大大減少佈線的數量，對於提高晶片的集積度很有利。

銅眞的是導電性佳的材料嗎？

　　如果把我們常用的電子產品上的電線拆開來看，會看到聚合物材料塑膠皮包裹著內部的金屬結構。金屬材料主要是使用銅，這是因為銅是除了銀以外，導電性最好的金屬，同時也是相對常見的金屬，加上價格低廉，因此被大量使用在半導體上。礦業相關產品的投資者之所以特別將目光鎖定在銅的理由之一，是因為他們對半導體產業的持續成長抱有期待。不過，和我們熟悉的科學常識不同的是，銅良好的導電性只有在佈線的線寬夠寬的時候才能實現。任何物質在原子單位的微觀領域下，都會出現和原本物質不同的特性，銅的導電性也不例外。

　　金屬的導電性，取決於電子在金屬原子間能夠移動得多順利、移動得多快。電子為了輕易移動，必須盡可能拉遠移動距離，以避免與其他粒子碰撞。這種距離被稱為平均自由徑（mean free path），常溫狀態下，銅裡面電子的平均自由徑約為 40 奈米。銅的線寬如果小於 40 奈米，電子就無法到達更遠的距離，導致一直碰撞壁面並產生散射。

這個情況下，會出現讓銅的電阻率增加的電阻率尺寸效應（resistivity size effect）。隨著逐漸變得更精細，電子訊號會持續流動，銅離子堆積的電遷移（electromigration）現象，也會變得更明顯。銅原子的排序會變得混亂，最終導致佈線斷開。

[圖 12-1] 銅是半導體晶片內用來傳導大量電子訊號時的必用金屬，也是製造半導體晶片時，使用最多的金屬。

　　因此在 40 奈米以下的微觀領域中，銅是無法正常發揮功能的。事實上，10 奈米厚的銅只是因為體積小，電阻率就比一般的銅高出 10 倍以上（是完全一樣的物質！）。[35] 若佈線的電阻變高，功耗和熱量就會大幅增加，也會因 RC 延遲導致訊號傳遞速度變慢（下個小節會再仔細探討！），讓

35《韓國金屬材料學會期刊》(Korean J. Met. Mater.), Vol.56, No. 8 （2018) pp.1~6.

晶片無法快速運作。這也是使半導體微型化更加困難的另一個原因。

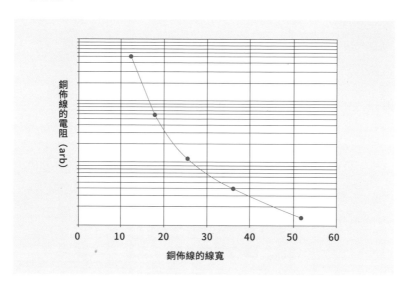

[圖 12-2] 日常生活中常見的銅在微觀領域下會出現完全不同的特性，銅的線寬如果在 40 奈米以下，電阻就會遽增。[36]

　　因此相較於銅，電阻率高，但在微觀領域中性能不會變低的鈷（Co）或釕（Ru）等金屬，就成了替代方案。但因為更換材料很不容易，所以少有半導體企業會樂於接受這個替代方案。這是因為這樣就得更換金屬形成的設備，讓大量研究開發的結果變得毫無用處。一旦更換材料，各種製程和最佳配方都要重新調整，也必須重新開發佈線技術。

　　而且與銅相比，鈷和釕的價格也比較高。二〇一八年，

---

36 Unsplash, Jess Bailey.

伊隆‧馬斯克公開宣布將推出鈷占比低於 5% 的電池，這是因為供需不穩定導致鈷的價格飆漲，使電動車生產成本上升所致。這些金屬的蘊藏量非常少，又或者可開採的區域相當有限。而且鈷的蘊藏地主要在紛爭地區，因此也經常被批評指出，開採鈷所得的利益用在戰爭上，是非常不道德的事情。

實際上，陸續有研究結果表明，使用鈷和釕等金屬，就能構建低電阻佈線，同時提升佈線可靠性。當然，這些材料依然有許多未知的特性，所以需要更多的研究。但隨著製造程序愈加嚴苛，在某個時間點會出現更換材料的強烈需求。因應這樣的變化，供應新裝備和新材料的廠商，就會因突破技術限制而受惠。

RC 延遲的 C，
DS Techopia 為何
開發新產品？

RC 延遲，注意絕緣體的特性！

電子訊號是順著金屬傳遞的，因此人們容易認為，經由金屬佈線傳遞的訊號品質，取決於佈線材料的種類。然而，除了金屬，包覆在金屬外的絕緣體也有一定的影響。過去，半導體晶片的運作速度取決於電晶體的開關速度。然而，隨著電晶體性能提升，比起電晶體本身的速度，來自電晶體的訊號傳送速度，對晶片整體運作會產生更重要的影響。訊號隨著佈線傳遞需要一定的時間，這就是所謂的 RC 延遲（RC delay）。

R 指的是金屬的電阻，C 則是周邊絕緣體的介電特性。絕緣體有一種名為介電常數的固有常數，介電常數愈高的物質，愈會延遲電流，使得晶片難以高速運作。因此，有許多關於導入低介電常數材料的研究正在進行中。過去廣泛使用的氧化矽，若用在一般半導體製程，形成的介電常

數大約為 4。即使導入的新絕緣材料，將介電常數降低至3，RC 延遲也可以改善 25% 以上。目前的高階半導體晶片，則是要求介電常數要在 2 左右或以下。

新材料的開發，以氣隙技術克服 RC 延遲

科學家們透過研究開發，發現了低介電常數的材料，但是單純找到低介電常數物質的意義並不大。絕緣體最重要的作用是防止佈線上的電流外漏，因此必須具備良好的絕緣性。此外，絕緣體材料的純度要夠高，不能汙染周邊環境，要能透過當前製程進行沉積，還要具有卓越的融合（integration）特性，對既有蝕刻材料進行反應，或是足以承受平坦化工序。並不是隨意將化學藥品混合在一起，並透過試管內反應製造出介電常數低的材料就可以了。此外，還必須同時符合各種條件（可承受製程溫度的耐熱性、不與金屬反應的特性、防止因吸水導致介電常數變化的防潮性、低熱膨脹係數、抗裂性等各種性能條件）。正是這些苛刻的條件，致使開發新低介電常數材料的研究總是遇到瓶頸。理論上，其實已知非常多的低介電常數材料，但真正能用在半導體製造的材料與理論上有很大的差距，對工程師來說，是非常巨大的門檻。

二〇〇七年，IBM 提出了氣隙（air gap）的概念。[37] 氣隙是指透過蝕刻製程，在絕緣體材料中間以人為方式造空

---

37 Semi Engineering, KNOWLEDGE CENTER, "Air Gap", "https://semiengineering.com/knowledge_centers/manufacturing/process/air-gap/".

孔，使其呈現多孔構造的概念。這是考量到空氣的介電常數僅為 1.00059，[38] 低介電常數的空氣填滿絕緣體的空隙時，絕緣體區域的整體介電常數就會降低並縮短 RC 延遲。不過在半導體晶片中間鑽孔，是很新穎也很大膽的想法。因為想要將介電常數充分降低，就必須要形成一定密度以上的空氣層，但如果中間形成中空的結構，機械的強度就會降低，導致孔洞不易均勻形成。假如孔洞大到一定程度以上，就必須重新進行填補孔洞的工序，在這個過程中，可能會讓介電常數再次上升。

英特爾表示，在部分佈線層導入氣隙後，RC 延遲最多可減少 17%。[39] 目前氣隙技術廣泛運用於記憶體和非記憶體晶片上。當然，低介電常數材料的開發也依然持續進行。這也是韓國上市公司 DNF Corporation、DS Techopia 等材料廠商，正全力拓展的領域之一。DS Techopia 在二〇一九年首次公開募股（IPO）時，就曾向投資者強調低介電材料將會成為新的成長動能，好抬高企業估值。當然，到目前為止，企業仍持續開發更多樣的低介電材料。

金屬佈線的製程中，不只製作精細線路是一大挑戰，還包括選擇何種材料、要如何合成材料等，從設計到材料與製程，可說是集合所有高難度技術的領域。

---

38 Britannica, Physics, Dielectric constant,
39 NCCAVS Symposium in San Jose, 2017, "BEOL Interconnect Innovations for Improving Performance".

EDS 之花!
晶圓級測試

晶圓級測試,整個製程的最後一關

在金屬佈線製程之後,還剩下整個製程的最後一道關卡。將電子訊號傳送至晶圓上形成的方形晶片時,訊號就會經由佈線來回傳遞並開始運作。記憶體負責儲存資料,非記憶體半導體則是根據晶片內的區域執行指派的任務。但這還不算完成晶片,雖然足以執行晶片本身的功能,但是為了與外部電子設備連結進而達成一體運作,還必須經過幾道後端製程。

然而,晶圓上有幾百甚至幾千個晶片,無法全部都發揮相同水準的優秀性能。這些晶片當中同時存在良品和不良品,晶片之間一定會有性能偏差。因此如果連不良品都一起進入後端製程,就會產生不必要的成本。為了避免這種情況,晶圓上的晶片完成時,必須經過晶圓級測試來檢查晶片的功能。從導入晶圓一直到晶圓級測試統稱為「前端製程」,只有通過測試的晶片才能接著進入後續的「後端製程」。對半導體廠商來說,提前篩選不良品來降低整

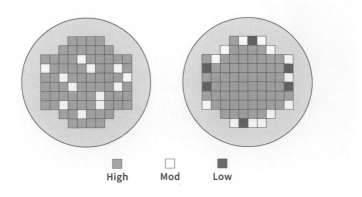

High Mod Low

[圖 12-4] 晶圓級測試的目的在於，盡量減少進入後端製程前不必要的費用開銷。

體製造成本，非常重要。

　　晶圓級測試的作用，不僅僅是單純找出缺陷晶片而已。當設備運作的時間逐漸拉長，必然會出現性能不一的產品，這是半導體製造程序上存在的特性。明明投入相同的配方、相同的設備、相同的材料和相同的人力，依然會生產出性能不一的產品。因此，即使生產線一直以來都只生產出良品，但從某個瞬間起，不良品的比重也會增加。所以會藉由晶圓級測試，持續確認良率是否穩定、是否會因為良率突然出現變化而對特定製造程序產生影響。

　　進行晶圓級測試時，會利用有數個尖銳金屬頭、名為探針（probe tip）的金屬針尖和晶圓接觸，透過來回傳遞電子訊號檢查晶片的性能。這個流程會由被稱為探針座（Probe Station）的設備負責進行。探針座就是有許多探針聚集的地

方。探針座是由一系列固定探針的零件組成，由於是在製造晶片過程中用來測量最微小領域的裝備，所以在各種半導體測試流程當中，需要最高的技術力。因此，探針座主要由技術實力強大的外國測試設備企業所主導。

但根據半導體晶片的種類，測試的難易度也大不相同。NAND 快閃記憶體與 DRAM 或高階的非記憶體晶片相比，探針的數量相對較少，所以測試的難易度也相對較低。因此，像 SEMCNS 等韓國企業，主要透過測試 NAND 快閃記憶體的設備進軍市場，並持續擴大業務。

晶圓級測試是透過電子訊號的傳遞來進行晶片分類，所以也被稱為晶方電性分揀（Electrical Die Sorting，EDS）測試。主要透過移動探針座上的探針來測試晶圓較寬的區域，探針座會發出電子訊號來區分良品和不良品，一旦發現生產出的是不良品，就會在進入後端製程前將缺陷晶片作廢。

問題是，隨著半導體微型化，晶圓上製造的晶片數量持續增加。因此如果要透過晶圓級測試來評估所有晶片的性能，就必須重複測試幾百、幾千次，這會導致半導體生產力大幅下降，甚至晶片還沒完成。所以說，中間製造過程的測試愈簡單，就愈有利。因此，為了讓晶圓級測試變得容易些，研發人員可以說是絞盡了腦汁。

最後終於設計出一種方法，就是一開始在晶圓上製造晶片時，同時構建晶圓等級測試專用的電路。也就是說，在前端製程中，除了讓晶片運作的各種電路之外，另外在晶片之間鋪上可一次性測試各種晶片性能的專用測試電路。當探針接觸到幾個電路並施加電子訊號時，就能同時

確認好幾個晶片的性能。只要當中有不良晶片，就會輸出異常測試結果，並根據電路設計的演算法，從晶片當中找出不良品。為了盡可能減少測試次數，工程師們需要設計短暫使用後即丟的電路，以便一次測試多個晶片。

CHAPTER

13

需要更深入了解的製程，
半導體材料技術

Investment
in semiconductors

電動車
無法普及的原因，
也是因為半導體材料？

特斯拉成為電動車市場贏家的另一個原因

有人說，早期進入電動車市場的特斯拉真正魅力不在電動車，而是在於自動駕駛。在美國有報導指出，有些人被發現在高速公路駕駛特斯拉奔馳時，將雙手離開方向盤，或是被發現在行駛過程中睡著。特斯拉的自動駕駛功能，是超過 1000 萬韓元（約合台幣 24 萬元）的高額加購功能。然而自二〇二一年起，自動駕駛轉換為按月計費的訂閱制（subscription）。

特斯拉的自動駕駛是如何實現的呢？特斯拉出廠的汽車裝載了多種攝影機，包含廣角、窄角攝影機等各種配備，會負責即時拍攝不同區域。

為了避免距離太遠無法拍攝，也會另外安裝雷達感測器。車輛上搭載的運算裝置會即時透過攝影機與感測器蒐集資訊，經過軟體分析與資料處理，隨時判斷周邊是否有

後面側視攝影機最　廣角前視攝影機最　主景前視機最遠拍　窄角前視攝影機最遠
遠拍攝距離 100 公　遠拍攝距離 60 公尺　攝距離 150 公尺　　拍攝距離 250 公尺
尺

後方視野攝影機最　超音波最遠感測距離　側面前視攝影機最　雷達最遠探測
遠拍攝距離 50 公尺　8 公尺　　　　　　遠拍攝距離 80 公尺　距離 160 公尺

[圖 13-1] 特斯拉的自動駕駛需裝載多種類型的攝影機。[40]

障礙物、距離多遠以及車輛與物體間的距離。

　　特斯拉預計推出自動駕駛汽車時，其競爭對手
── Google 旗下品牌 Waymo 也因自動駕駛汽車而備受關
注。然而不知為何，在特斯拉積極攻占自動駕駛市場時，
多年來，Waymo 遲遲沒有正式進軍自動駕駛領域。雖然原
因不只一種，但究其根本，是因為對於辨識車輛周邊障礙
物的方法出現意見分歧。

Waymo 的興起，催生了用於紅外線感測的半導體需求

　　Google 對於利用拍攝周邊環境進行辨識的作法抱持反
對意見，表示單純透過照片並無法徹底分析周邊環境狀況，

40 Tesla, "https://www.tesla.com/ko_KR/autopilot".

且會因為辨識錯誤而導致重大事故。Google 更強調的是光達（LIDAR，Light Detection And Ranging）的重要性。LIDAR 是在車輛周邊發射出紅外線，透過接收反射的雷射光線去辨識周遭環境的方式。也因此必須裝載能接收紅外線的感測器，且其感測器必須要能夠在十億分之一秒之內探測出紅外線，因為車子的移動速度非常快。此外，考量到車輛間的安全距離，也必須能偵測出兩百公尺以外回傳的微弱紅外線，不能有任何誤差。這也是為什麼與平常使用的紅外線熱像儀或是智慧型手機上的飛時測距感測（Time of Flight，ToF）相比，使用於車輛的紅外線感測技術更加困難的原因。

但問題是，目前尚未開發出能高速感測紅外線的實用感測器，而這必須歸咎於半導體材料的不到位。砷化銦鎵（InGaAs）與磷化銦（InP）等各種半導體材料，雖說是研發感測紅外線時備受關注的核心物質，但實際上，合成這些材料後在常溫之下研發出感測器，反而會變得難以接收到紅外線。

當半導體暴露在紅外線下，內部的電子會因光能發生反應（以科學的說法解釋，從能隙下端的價帶〔valence band〕轉移到導帶〔conduction band〕）後形成電流。但在常溫狀態下，由於周圍熱能很高，電子會隨機反應，進而製造出錯誤的電流訊號。因此，即便沒有紅外線反射進來，也會產生彷彿接收到紅外線的雜訊。為了克服這個問題，必須引進磊晶（epitaxy）這個昂貴、高難度的特殊製程，藉此重新排列原子、製造出理想的原料，且與半導體相連的導體及絕緣體物質之間的接合也要達到沒有缺陷的理想狀態。然而，

[圖 13-1] Google 的 Waymo 持續研究以 LIDAR 為中心的自動駕駛功能。[41]

這樣的技術門檻不僅相當高，甚至連產能也無法確保。

　　雖然很多物理學家從理論上提出了有利於紅外線檢測的物質，但仍然沒有非常顯著的成果。對於必須克服理論與實際差異的工程師而言，可謂任重道遠。這也是為什麼 LIDAR 龍頭企業美國的威力登（Velodyne Lidar），在產品研發以及公司正式上市時，就備受期待的原因。

41 https://www.flickr.com/photos/markdoliner/7694478124/

半導體
配方的祕密

不公開的半導體配方

我曾經有一次光顧一家以美食聞名的餐廳，因為餐點真的太美味，讓我對食譜相當好奇。我真的很好奇究竟是如何烹調，怎能做出獨特美味，為什麼其他餐廳做不出來呢？我甚至還曾想，該怎麼做，才能把食譜要到手呢？比方說，直接拜託老闆分享這道菜的食譜，或是索性直接進到餐廳廚房工作。但不管使用什麼招數，通常老闆不會樂意公開獨家配方。

半導體產業也是如此。當三星推出新的半導體產品後，競爭公司和研究工程師會馬上將三星產品拆開，也就是所謂的「拆解」。從各種方向小心翼翼地拆解產品，使用電子顯微鏡以及各種探測設備觀察內部構造與產品結構，這項作業會花上數週甚至是數月的時間。透過「拆解」，競爭企業某種程度上可以了解三星的新產品內部是如何設計、使用了何種材料、與上一代產品又有哪些差異。不過可不僅限於三星的產品，無論是 SK 海力士還

是美光科技，只要推出新產品，競爭公司就會分析所拆解的產品。也就是說，這種作業不是只出現在半導體產業而已。

　　然而，即使競爭對手分析出產品的結構，以及所使用的材料，也不可能馬上製作出來。真正的技術門檻才剛開始開始。假設新發布的半導體引進了名為 A 的新材料，但是光是找出這個 A 材料究竟是如何製作出來的，就需要花上好幾年的時間了。雖然發現裡面有細長圓柱狀電容器，但光是研究出該怎麼做出這種形狀，就需要耗時數年。像是三星、SK 海力士、美光科技等產業領頭羊，因具備長久以來所累積的專業技術與經驗，因此可以在一年左右的時間就模仿複製出競爭對手的產品。但是，對於完全沒有 DRAM 製造經驗的企業而言，要做到幾乎一模一樣的水準，會需要花上數年的時間。

　　我們舉個簡單一點的例子。假設我們想在家裡做出韓國最熱銷的辛拉麵與真拉麵，即便動員全家大小，想在家裡研發出類似的調味包粉，一定會需要很長的一段時間。光是調味粉的食材就超過數十種，要猜出正確的配方幾乎是不可能的事情。又假設使用了香菇，其中是使用了哪種香菇、香菇的成分是熬煮出來，還是風乾後製成粉末，又或是泡發、熬煮出萃取物，光是查出這些，就需要花費相當長一段時間。光是鹽巴和辣椒粉就有多達數百種，究竟該使用哪一類產品是很難推斷出來的。農心的辛拉麵開發過程十分有名。農心的食品研發者購買了所有在韓國國內生產的辣椒，並且搭配蒜頭、生薑

等食材調配出各式各樣的比例，再使用超過 200 種麵條研發出多種樣品。[42]

　　而組成半導體的材料，比泡麵的調味粉還要更複雜。為了生產出材料，必須從多款原材料中，選出一部分來互相搭配，過程之複雜，根本無法用鹽和辣椒做比較。半導體企業之間並不會知道競爭對手的半導體製造配方，所以必須花一段時間厚植技術，才能趕上與對手的技術落差。這也是半導體產業最基本的進入門檻。

　　之所以會有這樣的門檻，是因為晶片製造的基礎在於材料技術。假如半導體是勞動密集型產業，只需要動員人力，那麼所有人都可以製造產品，半導體產業的前景將變得十分慘澹。勞動密集型產業的核心競爭力是以廉價的人力，製造出比競爭對手更低廉的商品。因此，產業的門檻在於勞動人力成本上的差異。而材料技術，則是必須結合專業技術才能創造成果的領域。這點無論是非記憶體半導體與記憶體半導體的製造都適用。即便中國因為想追趕上韓國、美國、台灣的半導體技術，而投資了鉅額資金，也難以獲得長久以來累積的半導體技術。在這種情況下，想在最快速的時間內追趕上競爭業者的方法，就是挖角對方公司的專業人力。

---

42 《都市日報》，〈聞名遐邇的產品誕生記事—農心辛拉麵〉，2018.1.11。

政府出面管控材料的原因

二〇一九年曾引發爭議的日本出口限制議題，其實也是一種材料爭奪戰。日本自二〇一九年七月一日開始，對韓國實施半導體材料出口管制。韓國企業在不到一年的時間裡便將管制品項中的氟化氫實現國產化，也因此為韓國半導體產業擺脫危機奠定了相當的基礎。但就國產化一事，我們需要回頭思考媒體沒有發現的內幕。

韓國國內業者具有自行生產 97% ～ 99% 相對純度較低的氟化氫能力，但在 99.9999999999% 的高純度氟化氫等材料方面，則是由日本握有主導權。高純度氟化氫是透過反覆提高低純度氟化氫的純度製作而成，必須在低純度氟化氫中加入添加劑來引起化學反應，過程中要還得反覆去除沉澱物或懸浮物。這裡使用的添加物也牽涉材料技術的問題，必須連添加材料原料也達到國產化，才算真正的氟化氫國產化。然而，因為情勢所迫，韓國國內業者一直是仰賴中國的材料來生產高純度的氟化氫。[43] 不過，三星電子等相關供應鏈的技術開發支援，以及 Soulbrain 等氟化氫製造商的添加物材料自主研發，目前依然是現在進行式。

另外，同樣在日本出口管制清單中的光阻劑（photoresist）國產化，又更加艱難。一方面是因為光阻劑的生產技術比氟化氫困難許多，另一方面在於光阻劑的製

---

43 Kitech Webzine，〈想成為原物料大國，必須先充實研究數據庫〉2019.8.14。《朝鮮日報》，〈開發取代日本的高純度原料…氟化氫國產化競爭白熱化〉，2019.8.12。

程中，會大量使用完全依賴國外的尖端原物料與添加劑。對於半導體核心原料國產化，不能只看到媒體報導的成功案例，而是需要深入看不見的領域，才能真正往國產化的道路邁進。對於成功實現國產化的企業而言，這無疑也提供了成長的機會。

大量有害物質
都去哪了？
環保時代的洗滌器

半導體生產的黑暗面，該如何處理有害物質？

　　根據韓國媒體報導，二〇二〇年五月，在位於京畿道龍仁市的三星電子器興工廠附近的河流中發現了兩隻水獺。水獺在韓國被歸類為第 330 號天然紀念物，是僅生長在水質乾淨環境中的瀕危保育動物。像這樣對生存環境敏感的動物，在半導體工廠附近被發現，是一件非常值得高興的事。真空設備在生產過程中會產生許多副產物，不僅會對人體造成很大的傷害，還有許多有害性尚未得到驗證的有害物質。這些有害物質必須先經過徹底淨化後，才能排放出來。實際上，半導體供應鏈在設計環境維護的設備與後續淨化方面投入了相當多的資源，工廠淨化後排放的水可以再利用於半導體工程中，非常乾淨。

　　但其實，幾乎所有的半導體核心製程都會排放有害物質。從晶圓投入生產線的那一刻起，有害清洗物質會不斷

噴出，從沉積製程到蝕刻製程，整個環節從頭到尾都充滿有害物質。微影製程中所使用的有機化合物多半都含有苯，不斷地被指出是高風險致癌物質。除了使用於設備內部的原物料材料外，在經過各種化學反應時，也會不斷產生有害物質。這些物質大多是一般人一輩子都不曾見過的，從引發頭暈、嘔吐等低度危害性物質，到各種有致癌性的高危害物質，在製造過程中，各種有害物質不斷生成。工廠內部是否妥善管理有害物質固然重要，但是如何防止有害物質被排放到外面，也是不容小覷的事情。

半導體業界也關注 ESG

有害物質根據種類的不同，分成液體、固體、氣體三種。隨著半導體技術不斷發展，清除這些有害物質的設備也不斷開發出來。其中，氣體的外洩因難以透過肉眼察覺，一旦外洩可能會造成大範圍的汙染。

為了淨化有害氣體，會使用名為洗滌器（scrubber）的特殊設備。韓國上市公司中，Unisem 與 GST（Global Standard Technology）就是負責生產洗滌器的企業。將洗滌器安裝在製造程序中會排放有害氣體的區域，並且透過各種方法淨化有害氣體。

淨化毒氣的方法有許多種，例如：噴灑與有害氣體進行反應的液體化學物質，將毒氣轉化為危害物質較少的濕式洗滌法；噴灑天然氣或氧氣等氣態化學物質的乾式洗滌法；利用攝氏 1000 度以上的電漿將有害氣體熱裂解的電漿

清洗。洗滌器是根據欲處理的有害氣體而量身訂製。眾多的有害氣體當中，包含可燃性氣體、腐蝕性氣體、溫室氣體、含氟成分的全氟碳化物（Per Fluoro Compound，PFC）等。不同的氣體，會有不同的洗滌器處理方式。

　　一般來說，半導體工廠會排出各種有毒氣體，因此洗滌器設備的供貨對象也不分 DRAM、NAND 快閃記憶體、非記憶體半導體，所有種類的半導體生產線都會需要洗滌器。不過每間半導體企業有自己偏好的氣體淨化方式，所以洗滌器業者也會根據產品組合的差異，調整企業設備供應品項或是營業點的設置。另外，在顯示器、太陽能等類似產業中，也相當廣泛地使用洗滌器。洗滌器製造商除了半導體產業以外，還會向各下游廠商提供設備。實際上，Unisem 的客群不只有三星以及 SK 海力士，還有三星顯示（Samsung Display）、樂金顯示（LG Display）以及京東方科技（BOE Technology）等下游廠商。

　　隨著半導體逐漸微型化，半導體製造程序也會不斷增加。因此，蝕刻和沉積的次數也會跟著增加，需要的原料種類也只會愈來愈多。這也是洗滌器的需求會進一步增加的原因。包含半導體產業在內，全球各大企業都出現了加強環保政策的趨勢。洗滌器也會響應這些環保行動，負責清除各種有害氣體。

CHAPTER
14

後端製程的起點，
封裝製程

Investment
in semiconductors

目標鎖定
高效能與小型化！

封裝製程，連接和保護晶片與外部設備

　　前端製程已經說明完畢。從封裝製程開始，也就是在晶圓上完整製造出晶片後的製程，被稱為「後端製程」。簡單來說，封裝就是一種包裝過程。一提到包裝，通常我們會先想到用箱子或塑膠袋，將做好的產品密封的過程。但半導體的封裝卻截然不同。

　　一張完成前端製程的晶圓上會刻有數百甚至數千個晶片，晶圓切割後，就會形成個別的晶粒（die，編按：又稱裸晶）。不過，這些晶粒無法直接用在電子設備上。晶片上有著許多非常精細的佈線，但電子設備無法連接這麼細的佈線，因此才需要額外的封裝製程。在封裝製程中，為了使晶片連接在電子設備上，會配合產品規格製造單獨的佈線，以利電訊傳遞。此外，若晶片直接暴露在外面，很容易因水分、光線等外在環境而受損，從外部施加的衝擊也是非常致命的。因此，在封裝製程中會將晶片密封，使其與外部環境完全隔絕。我們可以試想，若某甜點公司生產

的巧克力派在沒有塑膠包裝的情況下，被擺放在超市的貨架上，你真的想吃嗎？封裝製程不僅是讓晶片與外部裝置連接的最終製程，同時也是保護晶片安全的封裝製程。不僅如此，封裝製程的另一個功能是做出散熱的通道，以利將晶片的熱能往外釋放。

　　過去，半導體的發展可被歸納為「前端製程的微型化」。這是因為，若要減少製造成本、提高產品性能，通常都得從微型化著手，所以，半導體的技術，也多數集中在前端製程上。反之，封裝製程等後端製程，被認為是進入門檻和投資必要性都低於前端製程的領域。然而，隨著半導體晶片的性能愈來愈高效，後端製程不僅有突破性的發展，如今還成了影響晶片性能的重要領域。

　　更重要的是，隨著各式各樣的晶片出現，企業對各種封裝技術的需求也增加了。此外，因傳入／傳出晶片內外的訊號量增加，封裝技術也變得愈來愈複雜，客戶也會對封裝技術提出更多的要求。行動裝置的發展，導致半導體晶片的最終消費者開始追求更小、更薄的晶片。降低功耗也開始依賴封裝製程。環保等社會議題要求企業改變封裝製程中使用的材料。因此，封裝技術已不同於以往，正以不亞於前端製程，甚至是更快的速度變化中。從技術觀點來看，這種變化固然重要，但因為經常帶來新的投資機會，所以對投資者來說，也不容小覷。

封裝製程的
變化趨勢

封裝製程，連接再連接

　　封裝製程，主要包含製作將晶片與外部連接的金屬線、透過封膠（molding）使晶片與外部完全隔絕，以及評估晶片性能的製程。其中，評估晶片性能的製程通常也會被歸類為「測試製程」。

　　為了將晶片製成完成品，就必須將晶片上的佈線與外部電子裝置的電路一一連接。然而，實務上，不太可能將大尺寸的電子裝置裝進設備中再一一連接起來。因此，在半導體產業發展初期，就已經有人在研究輕鬆安裝晶片的方法。一九六五年美國快捷半導體（Fairchild Semiconductor）開始組裝半導體之後，導線架（lead frame）成為封裝產業的主流。[44] 導線架由銅、鎳或鐵合金製成，主要的作用是固定在導線架上的晶片安裝在外部的基板上。晶片和導線架大多透過金屬佈線的線圈（wire ring）來連接。如果從晶片

---

44 1999，微電子與封裝的近況發展。

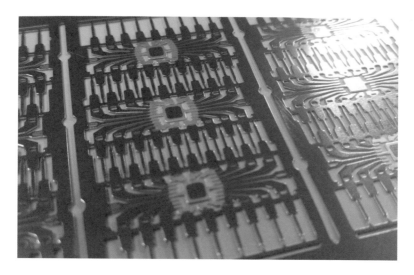

[圖 14-1] 導線架可以固定晶片，並同時將電訊號傳遞到外部基板。

上延伸出來的金屬佈線數量少，那麼導線架的構造就會比較簡單。隨著晶片變得愈來愈精密，其與外部連接的佈線數量就愈多，導線架的構造也變得愈複雜。

　　製造導線架最簡單的方法，是先製造出一大片金屬基板後，用沖壓機等機器精密壓印成型。但隨著導線架的結構愈來愈複雜，從晶片內延伸出來的佈線愈來愈多，要製作精細的導線架就變得愈來愈難。為了解決這個問題，企業開始引進半導體製程來製作導線架。也就是利用半導體製程中的「微影製程」和「蝕刻製程」，將精密形狀進行圖案化後，再將金屬熔化。相較於用沖壓機製造，這個方法可以製造出更精密、更細微的形狀，因此常用來製造需要精細佈線電路的晶片上。儘管導線架的運用從過去就一直使用，但主要是應用在中低階的晶片上。

儘管出現了許多足以取代導線架的新封裝技術，但因為晶片封裝不僅比其他方法便宜，也容易進行，因此隨著半導體產業的成長，導線架的市場也持續呈現成長趨勢。且採用導線架的晶片種類日益增加，導線架製造商也不斷受益。韓國上市公司海成 DS 株式會社（HAESUNG DS）使用了這兩種方法，持續製造導線架。

　　隨著 CPU 和 AP 等非記憶體半導體高規格化後，需要更先進的晶片封裝技術。因此，目前主要是在裸晶下方形成金屬凸塊來取代打線技術的凸塊（bumping）製程，以及引進先進封裝技術，在裸晶端點拉出 RDL（高密度重佈線層），改變 IC 線路接點位置，取代外部載板的扇出（fan-out）製程，在業界開始廣為運用。主導這些先進封裝技術的企業，正是台灣的台積電。台積電憑藉著在數百個晶片的底部統一形成高密度的佈線層，大幅降低高階晶片製程成本的先進封裝技術，贏得蘋果公司的應用處理器訂單，這也令人們普遍意識到後端製程的重要性。也因此，台積電主導著智慧型手機非記憶體半導體的外包生產。

　　一提到台積電，很多人可能會想到在極紫外光微影（EUV）方面的競爭，但實際上，台積電不僅在前端製程成績亮眼，還主導著新一代後端製程的技術開發，讓高階晶片效率更高、價格更便宜。後端製程的市場展開了激烈的技術競爭，因此供應材料和設備的價值鏈也會隨之成長。

堆疊封裝，突破晶片性能的限制

　　封裝技術的重要性並不僅僅限於連接晶片上。過去，為了大幅提高晶片的性能，製程的微縮化是最重要的變數。然而，隨著電晶體的尺寸縮小到只有幾十個原子的大小，微縮化策略也必須要克服技術困難和成本增加帶來的局限。隨著 EUV、原子層沉積製程的引進，晶片在完成製造前，需要用到更多曝光機，導致透過微縮化降低成本的效果快速下降。此外，隨著電晶體愈接近原子領域，開發者就愈難將性能提升至理想中的水準。因此，為了改善性能，就必須要頻繁地改變電晶體的結構。而在此過程中，整體製程數量會增加，成本當然也就隨之提高。

　　透過前端製程提高晶片性能的方法逐漸達到極限，因此半導體企業開始打算透過晶片的異質性，提升晶片的性能。和現有觀念認為必須提高晶片本身的效能才能提升晶片的整體性能不同，只需要將晶片連接好，就可以進一步改善電子設備的性能。技術進步的方式與摩爾定律（Moore's Law，半導體集成電路的性能每十八個月會提升兩倍）完全不同。

　　所以，隨著單一晶片的封裝技術不斷更新，封裝製程也發展出堆疊式封裝（Package On Package，POP）、系統級封裝（System in Package，SiP）、直通矽晶穿孔（Through Silicon Via，TSV）等不同晶片的堆疊封裝和異質晶片的整合封裝，目前則朝向先進封裝（Advanced Packaging）繼續發展。前面曾提及的濟州半導體，也是基於這些封裝技術的變化而經營多晶片封裝（Multi-Chip Package，MCP）事業。

如果 DRAM 和 NAND 快閃記憶體是以垂直堆疊的形式安裝，而非獨立安裝在電子設備裡，那麼兩個晶片之間的訊號傳遞速度就能變得更快，同時降低功耗。多晶片封裝的特徵在於針對進入封裝製程的兩個晶片，新增晶片的堆疊封裝製程。為了讓堆疊的晶片厚度變得最薄，就需要經過將晶圓削薄的製程。將幾十微米的薄晶片堆疊起來，搭載到空間有限的行動裝置上。接著再根據堆疊的晶片數量，分為雙層晶粒封裝（Double Die Packaging，DDP）、三層晶粒封裝（Triple Die Packaging，TDP）、四層晶粒封裝（Quad Die Packaging，QDP）等。堆疊數量愈多，就要將晶圓削得愈薄，而為了大幅地減少過程中可能出現的晶片彎曲現象，會額外增加雷射晶圓切割（laser dicing）等製程或使用黏著膠帶（mount tape）等材料。因此，這不僅提高了雷射企業現有的地位，還讓以前只使用鋸刀的企業也逐漸將目光轉向雷射。

異質晶片封裝雖然同樣也需要額外增加後續的製程，但若考慮到必須運用微影、沉積、蝕刻等製程以達到相同的性能提高效果，這是非常有效率的替代方案。

無論是非記憶體半導體還是記憶體半導體，封裝技術都持續出現變化，異質封裝也廣泛運用在記憶體半導體和非記憶體半導體上。記憶體晶片的垂直堆疊，不僅能高速傳送資料，還可以在相同面積下，製造出使記憶體容量最大化的產品。在將記憶體半導體和非記憶體半導體垂直堆疊並進行異質封裝時，非記憶體半導體即時處理的大量資料會高速儲存在記憶體半導體裡，因此就能處理更多資料。

智慧型手機裡的高速攝影功能就是一個具有代表性的例子。過去，輸入手機鏡頭內的圖像訊號需要很長時間才能傳送到電子設備裡內的記憶體半導體，因此每次拍攝完，都必須過一陣子才能重新操作攝影鏡頭。但現在，不同晶片由數千個垂直的 Via（導通孔）連接，高性能的感測器可以即時將圖像數據原封不動地傳送到記憶體，每秒可拍攝數十張照片，且即使攝影對象快速移動，也可以拍攝出不失真的高品質照片。

封裝，
小，要再更小！

行動裝置的普及，實現了晶片的輕薄短小

　　在一九九〇年代，提高晶片的性能主要透過前端製程，而當時半導體企業的關注要點是如何將晶片做到輕薄短小。半導體的發展仍然以個人電腦市場為主，但隨著手機、數位錄影機、數位相機、筆記型電腦等行動裝置日益普及，產業愈來愈需要更小的半導體晶片，因為這些行動裝置產品的空間有限。半導體企業為了滿足前端移動市場的需求，必須開發出將空間限縮至最小的晶片。此外，需要找到方法讓安裝在印刷電路板（PCB）上的晶片面積至少縮減到現有封裝技術的十分之一。後來，被稱為晶粒尺寸封裝（Chip Scale Package，CSP）的輕薄短小製程於一九九〇年代登場，成為主導二十一世紀的封裝製程。

晶粒尺寸封裝，晶片大小等於基板大小

晶粒尺寸封裝的重點，是將封裝過程中增加的晶片體積盡可能縮到最小。之所以稱為晶片級（chip scale），是因為其封裝面積和從晶圓上所切割下來的晶粒差不多，晶片封裝完後的面積不超過晶粒的 120％。[45] 晶粒尺寸封裝的發展再結合印刷電路板產業的表面黏著技術（Surface Mount Technology，SMT）之後，晶粒尺寸封裝技術就更引人注目了。因為成功將晶片面積縮小之後，就需要將晶片精確黏貼在印刷電路板（PCB）上的技術。因此，製造印刷電路板的企業為了能安裝更精細的封裝晶片，也推出了新產品，而用於晶粒尺寸封裝的印刷電路板，就成了印刷電路板產業的主要產品。

由於晶粒尺寸封裝要在有限的面積內完成封裝製程，因此連接晶片和印刷電路板的佈線就必須更加密集。唯有克服此項製程技術困難的印刷電路板廠商，才能享受供應 CSP 印刷電路板所獲得的利益。此外，晶粒尺寸封裝需要用環氧樹脂封裝材料，從外部緊緊地將晶片層層密封，並完美覆蓋起來，因此需要技術力高的液態材料，而非技術力低的固態材料。[46]

45Kim Whan Gun.「用於晶片尺寸封裝的液態環氧樹脂系統的吸溼性（The Moisture Absorption Properties of Liquid Type Epoxy Molding Compound for Chip Scale Package）」產業技術研究所論文集 14 (2004): pp,1~10.

46大韓焊接學會（The Korean Welding Society）特別演講暨學術發表概要集 43, 2004.11, pp.1

[圖 14-2] 晶粒尺寸封裝要盡可能符合晶片大小，以完成封裝製程。

環氧樹脂模製材料的國產化旋風

完成的封裝晶片會透過熱焊接黏貼在電子設備的主板上，在此過程中晶片會發熱，因此環氧樹脂封裝材料必須具備良好的耐熱性。如果水氣滲入環氧樹脂封裝材料的情況下進行焊接製程，由於滲透進晶片內部的水分在在氣化的過程中會產生蒸汽壓力，進而導致晶片產生裂痕，因此，環氧樹脂封裝材料還必須具備良好的耐濕性。

為了滿足半導體企業對環氧樹脂封裝材料的所有高標準要求，對材料的技術要求很高，所以一直到最近，韓國半導體企業都還依賴著來自日本等地的進口材料。也因此，韓國對環氧樹脂封裝材料的國產化需求也穩定成長。

二〇二〇年，終於傳出韓國成功製造國產環氧樹脂封裝材料的消息。這是在韓國政府的研究開發支援下，公共研究機關和民間企業開始共同研發環氧樹脂封裝材料以來，時隔十年才取得的成果。而這些成果目前已轉移至民間企業，準備進入量產。此時，量產新材料的企業將開始

供給產品，並獲得額外的成長動力。

　　主導環氧樹脂封裝材料國產化的企業，包括過去在環氧樹脂材料方面具有優勢的企業。如果你是長期投資化學產業的投資者，那你大概已經知道生產環氧樹脂封裝材料的代表企業國都化學（Kukdo Chemical）就是本次的主角了。國都化學藉助國策課題之力，成功將用於環氧樹脂封裝材料的環氧材料國產化。而國產化帶來的利益並不止於此。

　　環氧樹脂封裝材料的量產最終由新的企業——三和塗料（Samhwa Paints）負責。過去在電子設備塗料和環氧塗料方面具備優勢的三和塗料，接下了研究開發的成果並負責量產。雖然三和塗料長期經營環氧塗料事業，但與半導體製程其實相距甚遠。因此，三和塗料可說是在半導體用環氧樹脂封裝材料供應鏈，吹起國產化旋風的受惠案例之一。

中國半導體的崛起
和封裝產業旋風

後端製程世界第一，中國「半導體崛起」旋風來勢洶洶

　　一般會認為，當無晶圓廠製造商將晶片製造外包後，從晶圓投片到成品製造的全部製程都是由晶圓代工廠統一完成。不過實際上，晶圓代工廠主要只負責前端製程的製造。當然，對於 CPU、AP、GPU 等量產晶片，晶圓代工廠通常會同時進行前端製程和後端製程，但要記得，非記憶體半導體的特徵是產品的多樣性。就整體的晶圓級製程來說，僅需更換光罩圖案，就可以透過相似的製程，轉印各種類型的晶圓。但是在晶圓上製造的晶片，尺寸和性能的規格都有所不同，這取決於無晶圓廠的要求。這意味著晶圓切割成單個晶粒之後，每種晶片都要經過各自的後端製程，且每種晶片的測試方式也不盡相同。晶片種類過於多樣，晶圓代工廠也無法負責所有的後端製程。這也是為何企業需要可以承接後端製程外包的委外封測代工廠（Outsourced Semiconductor Assembly and Test，OSAT）。

中國高喊著半導體崛起，並對半導體產業投入了鉅額資金。截至二〇二〇年為止，中國半導體的自給率僅為 15.9％。為了在二〇二五年達到自給率 70％的目標，中國正積極進行投資。[47] 雖然要進入記憶體半導體市場仍然遭遇了很多困難，但在雄厚資金的加持之下，中國要進入非記憶體半導體市場相對更容易了。在此背景之下，眾多無晶圓廠出現，他們擁有的晶圓代工技術也產生很大的影響。

後端製程是另一個相當值得關注的領域。中國以鉅額投資，成功打造了後端製程的生態系統。這是因為前端製程需要來自美國或歐洲的先進設備，而後端製程則相對容易在國內自行開發。實際上，中國的後端製程市場在二〇一七年的銷售額已經達到 290 億美元（約合台幣 9000 億元），以 26％的全球市占率位居首位。[48] 在此過程中，江蘇長電科技（JCET Group）收購了總部位於新加坡的世界第四大後端製程企業星科金朋（STATS ChipPAC），成為後端製程的世界三大企業之一。華天科技（Tianshui Huatian Technology）和通富微電（Tongfu Microelectronics）等後端製程企業，也紛紛擠進世界十大委外封測代工廠之列。這個結果，與前端製程大規模專案接連擱淺的情況形成了鮮明對比。雖然在此過程中，韓國上市公司韓美半導體（Hanmi Semiconductor）等後端製程設備企業擴大了在中國的銷售比重，但若考慮到中國在委外封測代工廠的成功將可能擴大至設備的國產

---

47 大韓貿易投資振興公社（KOTRA），〈中國半導體產業現況〉，2021.1.14.
48 KIPOST，〈中國位居半導體後端製程和測試市場第一，持續增設相關設施〉，2018.4.5.

化，其實並不是一件值得高興的事。

後端製程技術開發競爭激烈

曾經是半導體強國的日本，也是後端製程市場的隱形強國。在異質晶片的 3D 封裝技術快速發展時，日本以優秀的設備技術，率先掌握了 3D 封裝技術，並在新製程和新設備的開發下了不少功夫。就連擔心技術外流而不願進軍海外的台積電也在日本設立了研發中心，與日本建立了同盟關係，展現了在後端製程技術上願與日本合作的意志。雖然日本已退出記憶體半導體市場，但在部分高階非記憶體半導體的設計上仍具有優勢，且持續致力於研究透過 3D 封裝提高性能的方法，累積了相關技術資本。

舉例來說，在白色家電市場上被韓國企業追趕的索尼（Sony）在收購東芝的圖像傳感器部門後，在圖像傳感器市場的全球市占率超過 40%，展現了相當的實力。索尼不僅主宰了智慧型手機相機市場，同時也在車用相機市場上搶占了先機。之所以能有這樣的成績，是因為在新一代封裝製程方面花了不少心血。索尼以高難度的矽穿孔製程為主要技術，於二〇一二年量產兩層的堆疊晶片，再於二〇一七年量產三層的堆疊晶片，並持續推出性能優於後進企業產品的圖像傳感器。

日本的後端製程技術開發並不僅限於索尼。日本經濟產業省發表了展望，表示會以台積電在日本建立的研究開發中心為基礎，「目標是與國外企業合作，掌握可在國內

製造尖端半導體的技術。」[49]

　　後端製程不像前端製程一樣需要超高技術，且進入門檻低、利潤也低，這個看法並非完全錯誤。但是。當摩爾定律已經到了極限後，過去透過前端製程來提升晶片性能，逐漸轉向藉由封裝多樣化來提高，對後端製程的依賴度提升，相關技術也正在快速地發展。換言之，後端製程的重要性已經不亞於前端製程了。

　　封裝製程需根據晶片的種類，套用不同的製程，所以三星電子或 SK 海力士等主要企業無法負責所有的封裝製程。因此，為了確保未來半導體產業的競爭力，前提條件是必須強化委外封測代工廠的生態系統，並使委外封測代工廠掌握自家的新一代後端製程技術。二〇一九年，韓國企業 Nepes 在宣布大規模借貸的同時，也公布了達股權資本 110% 的投資計畫後，比起對財務結構惡化的擔憂，此舉被認為是相當大膽的挑戰，並獲得外界的支持，其原因也在於此。

49《韓國先驅報》（*The Korea Herald*），〈台積電與日本的『半導體同盟』帶給三星電子全面壓迫，勝負就看 3D 封裝〉，2021.2.12.

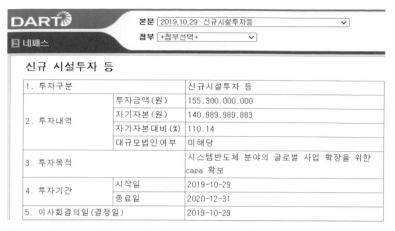

신규 시설투자 등

1. 투자구분		신규시설투자 등
2. 투자내역	투자금액(원)	155,300,000,000
	자기자본(원)	140,989,989,883
	자기자본대비(%)	110.14
	대규모법인여부	미해당
3. 투자목적		시스템반도체 분야의 글로벌 사업 확장을 위한 capa 확보
4. 투자기간	시작일	2019-10-29
	종료일	2020-12-31
5. 이사회결의일(결정일)		2019-10-29

[圖 14-3] Nepes 宣布 2019 年達股權資本 110%的投資計畫。

贏家通吃的 PCB 產業，
真的是夕陽產業嗎？

印刷電路板企業的當務之急，改善基板的性能刻不容緩

隨著半導體晶片的製造程序日益發展，晶片的外型出現了兩種特徵。首先，晶片的體積愈來愈小。其次，從晶片延伸出來的佈線電路的數量愈來愈多。這些佈線電路負責輸入（input）和輸出（output）的功能，也就是在晶片輸入輸出訊號。然而，當晶片規格愈來愈高，問題也隨之而來。如何將製造好的晶片連接到印刷電路板上，也成為一個難題。

所有的半導體晶片都無法單獨使用，一定要有可以支撐晶片、傳輸電流和訊號的基板。而這種基板大多是在環氧樹脂材料上刻有各種金屬電路的印刷電路板。印刷電路板通常由三星電子的基板部門、大德電子（Daeduck Electronics）、信泰電子（Simmtech）等印刷電路板企業所製造。但問題在於，這些印刷電路板企業很難跟上半導體晶片企業的技術實力。印刷電路板要能夠因應晶片體積變小、佈線數量變多的趨勢；然而，印刷電路板企業在有限的面

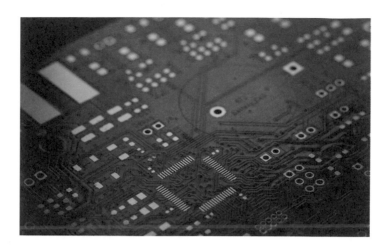

[圖 14-4] 製造印刷電路板的企業需承擔更困難的製造工序，難度絲毫不亞於晶片的製造。[50]

積裡製造更多電路的難度卻變高。

印刷電路板產業兩極化，築起新技術壁壘

　　一般來說，一塊安裝半導體晶片的印刷電路板需要傳遞與接收大量的訊號，不過，在有限的面積內無法製成所有電路。因此，印刷電路板變成多層結構，各種電路分別蝕刻在不同層的結構裡。不過，隨著從晶片延伸出來的佈線愈來愈精細，密度愈來愈高，單純透過增加層數已經無法改善印刷電路板的性能了。因此，企業就必須採取其他製造方法，縮小金屬電路的線寬，並縮短電路之間的距離。

---

50 Unsplash, Vishnu Mohanan.

過去，印刷電路板需要透過削去大面積形成的銅層來製造各種電路，但這種方式很難用來製造半導體產業所需的精細電路。因此，將半導體製程加入印刷電路板製造程序的半加成法 mSAP（Modified Semi-Additive Process）開始廣泛運用。基板企業也跟隨半導體企業的腳步，積極採用半導體製程。三星電子、樂金伊諾特（LG Innotek）、信泰電子、大德電子皆持續對新一代製程進行大規模投資，為了享受印刷電路板產業成長所帶來的利益而下足功夫。然而，小型的印刷電路板企業卻很難採用需要大規模投資設備的製造方法，加速了印刷電路板產業的兩極化現象。

CHAPTER

15

深入了解後端製程，
測試製程

Investment
in semiconductors

測試製程的種類
為何這麼多？

透過測試，降低初期不良率

在購物網站購買記憶卡時，會看到標榜產品可靠性的描述。其中像是防撞、十年保固、可在寒冷或炎熱的環境使用、抗 X 光，還有絕佳防水等，都是常見的文案。只有滿足上述的各項條件，消費者才會安心使用。然而，確保可靠性的標準這麼多，就代表半導體企業必須透過各種方式測試產品，才能確定產品沒有異常。

若說晶圓級測試的重點是透過檢測出晶圓的缺陷，來降低後端製程中產生的成本；那麼封裝製程中的各種測試，就是為了確認產品的效能是否充分展現，是否能交到消費者手上、產品的等級又是如何。

一般來說，半導體晶片的成品生命週期大致可分為三階段。有瑕疵的晶片較早（取決於晶片種類，約在 1000 小時）出現故障的機率較高。這稱為早期失效率。這個期間過後，晶片出現瑕疵的頻率會大幅降低，故障率也維持在較低的標準，呈現出相較穩定的狀態。然後在晶片的壽命將要告

終時，瑕疵率又會大為提高。〈圖 15-1〉如圖所示，失效率隨著時間變化，呈現出先下降後再上升的形態，也稱為浴缸曲線（Bathtubcurve）。不過即使如此，半導體產業也不可能在五年或十年內將所有生產的晶片都完成測試。因此測試製程的目的，是以可靠性製程為基礎，盡可能在早期就檢查出缺陷，提前過濾不良品，降低客戶遇到潛在故障的機率。

測試製程在 NAND 快閃記憶體和 DRAM 等的類別中，是以個別晶片為單位進行，而 SSD 跟 RAM 等，則是以成品為單位來執行。一般來說，測試會根據晶片或成品的種類，有不同的測試方式和演算法。此外，由於各品項的外觀和價格不同，在進行產品測試時的設備，也經常會使用

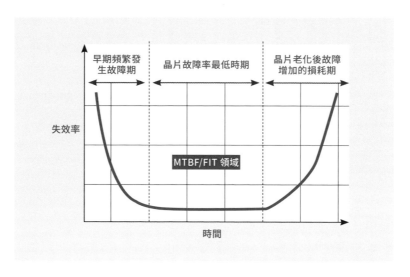

[圖 15-1] 晶片故障主要發生在早期，因此在早期就要盡可能排除有缺陷的晶片。

不同的耗材和設備零件。

　　記憶體半導體的規格變化和非記憶體半導體的多樣化，催生了耗材和零件替換的需求。晶片集積度以及 PIN 數的增加，勢必導致測試的時間拉長，也會成為測試版上能裝載的晶片數減少的原因。而這一定會增加測試成本，因此企業必須思考，如何將測試的成本降到最低。

受惠於 SSD，
從 NeOsem
看測試設備商

SSD 領域後端製程的強者，NeOsem

　　正因為半導體產品類型多樣，測試製程也會依照產品種類來決定進行方式，配合產品種類製造測試設備也很常見。由於難以一一探討所有測試製程和設備，接下來，會以 SSD（Solid State Disk or Solid State Drive，固態硬碟）的測試設備為例，針對測試製程來介紹。

　　如 DRAM 中 DDR 的世代更迭，SSD 也有自己的世代變遷。且與 DRAM 相似，當效能翻倍，就是一個新世代的誕生。當運作速度和容量增加，規格和產品的運作結構也會跟著改變，並且根據不同世代，取名為 Pcle 3.0、Pcle 4.0 等等。SSD 除了運作速度和容量的增加外，根據控制器的命令有效率地儲存和管理內容也非常重要。例如，若資料單元中出現部分問題時，是否能繼續維持高速運作並避開這些部分來儲存資料，又或是當 NAND 快閃記憶體晶片部

分損壞時，是否能準確掌握這些資料也非常重要，隨著世代的發展，這些功能也同步發展。

不同於半導體企業針對完成的 NAND 快閃記憶體進行的測試製程，SSD 製造商會將半導體晶片和無數被動元件安裝在印刷電路板上，當 SSD 製造完成後，再利用測試設備測試產品。在這個過程中，會測試 SSD 是否正常驅動、讀寫資料速度是否夠快、不良的單元是否超標，以及容量是否足夠等等。

Neosem 正是專門生產 SSD 測試設備的企業，並擁有 SSD 測試設備冠軍的頭銜。Neosem 的競爭對手有 EXICON 等公司，在 SSD 測試領域中打響了名號。

Neosem 供應 SSD 測試設備給三星電子、威騰電子、美光科技、東芝的鎧俠（Kioxia）、英特爾以及 SK 海力士等 SSD 龍頭企業。截至二〇二〇年，全球市占率達 40%。其後更於二〇一五年收購了競爭對手——美國 Flexstar Technology，讓客戶群更多元，進而推升市場占有率。原本這家企業還不為投資人所熟知，但在二〇一九年透過 SPAC（Special Purpose Acquisition Company，特殊目的收購公司，以併購未上市企業為目的的紙上公司）合併上市後，讓公司廣為人知。

Neosem 直接向韓國客戶銷售設備，並且透過 100% 控股的子公司 Neosem Technology 向海外客戶銷售設備。由於對 SSD 測試設備的依賴度高，當然會對 SSD 產業狀況較為敏感。實際上，在公司上市的二〇一九年是整體半導體產業不景氣的時期，Neosem 也受到 SSD 產業狀況影響，

出現營業虧損。因此，雖然被列為新上市股票的警戒股，但若考慮該時期處於記憶體半導體景氣週期的下行區間，也就可以理解。不過，Neosem 以高技術實力、市場占有率和參考資料為基礎，每當 SSD 投資週期擴大時，其營收極有可能出現明顯改善。

型號名稱	IP基礎	FX5D	FX5D-m, FX5D-t	FX5D-t	FX5D-m
	AP基礎	FX6D	FX6D-m		
產品規格		產品類別	U.2, U.3, ML2, AIC, EDSFF		
			產品類型第三代及第四代 SSD		
		產品運作溫度	室溫		
		產品運作濕度	-		
		自動化功能	-		
		可同時測試之數量	一次約可測試 32 組產品		

[圖 15-2]Neosem 公開的測試設備規格。Neosem 透過開發新一代設備搶占市場優勢。[51]

雖說 SSD 已經廣泛應用在個人電腦裡，但其實在伺服器裡，SSD 也是不可或缺的。因此，Neosem 勢必會對一線伺服器廠商的大規模投資反應較大。這是因為在大規模投資之下，SSD 的需求大幅增加，隨著 SSD 製造商大量的生產，就會需要購入 Neosem 等公司製造的測試設備。所以說，雖然測試設備的市場規模和 SSD 市場一同增減，但基本上，

---

[51] Ne-Osem, "http://www.neosem.com/".

還是會隨著 SSD 擴大的市場規模一起逐步成長。

　　SSD 效能提升，也是刺激 Neosem 測試設備需求的原因之一。為因應 SSD 的世代交替，必須提早一步研發出下一代測試設備，透過搶先為客戶供貨，為世代交替的週期做好準備。如果說競爭對手在下一代測試裝備的研發和品質測試（新產品交貨量產前所做的最後測試階段）落後一至兩年，Neosem 在期間就能享有壟斷下一代測試設備市場帶來的機會。

後端製程自動化的
受惠案例

巨大的產量推動測試的自動化

前面我們用麵包店比喻半導體的生產，與普通麵包不同，美味的麵包會另外包裝並高價販售。半導體也一樣，即使用相同的方法製造，也會因為產品之間效能的差異，將優良的產品掛上不同的產品名稱並以更昂貴的型號出售，而不符合標準的產品則以低價銷售。同樣地，為了根據效能以不同的名稱銷售半導體晶片，就需要評估半導體晶片的效能、分等級，並以此為標準來分類晶片。這個流程與測試製程密切相關。

各種測試設備會判斷晶片的效能是否良好。所以當半導體晶片遭分級或判定有缺陷時，就需要有人依照等級為晶片分類。然而，在半導體工廠裡，每天都有大量的晶片生產出來。如此龐大的晶片量，要靠人力一一分揀出來是不可能的。因此，普遍認為是透過自動化設備來將晶片分級，而不是以人力進行。但在過去，這麼龐大的作業量其實都是由人力完成的。但後來為了減少人力成本、縮短製

程時間以降低成本，以及將人工作業時的失誤損失降到最低，便積極引進了自動化設備。

區分晶片的分類機，機械工程準確性至關重要

分類晶片的工作是由一種物流設備 —— 分類機（handler）來進行。分類機的裝載機會將被搬運到設備內晶片移至測試拖盤進行檢測，檢測完的晶片會再移至客戶托盤（Customer Tray）進行晶片分類。雖然分類機最重要的工作就是將晶片按等級區分出來，但它的工作可不僅止於此。有些晶片雖然在一開始被判定為不良品，但再次經過測試製程還是有可能存活下來，而將這些被判定為不良品的晶片移動回上一個階段，再次進行測試製程的工作，就是由分類機來負責。若需在高溫而不是室溫的特殊條件下進行測試，它也會負責在晶片投入測試設備之前達成測試條件，讓晶片適應環境。這樣可以大幅度提高生產線的效率。過去這些功能不是那麼重要，甚至一直到最近，在某些晶片上是完全不重要的。但它們逐漸變得不可或缺，也讓分類機的作用愈來愈重要。

從分類晶片的功能就能猜到，分類機的機械功能非常重要。就像機器人手臂一樣，它必須準確地分類、和舉起、移動和放下晶片。許多設備重視物理化學方面的程序，測試設備重視的是物理方面的程序，但對分類機來說，最重要的其實是機械製程上的流程。

記憶體半導體的種類有限且功能簡單，相較之下晶片

的構造也更有規則，因此測試製程便形成了固定的模式。也就是說，會反覆查看多達數十億個的資料儲存空間是否處於正常狀態。由於相同的工作不斷重複，且工作簡單，所以盡快在最短的時間內完成工作是很重要的。Para 是 parallelism（平行結構）的縮寫，是表示一次可以同時處理多少晶片的單位，用來表示分類機能同時分類多少晶片。二〇一五年前後，512、640、768 規格的 Para 設備需求開始增加，韓國上市公司特科源（TECHWING）是全世界第一家將記憶體半導體用的 768 規格 Para 設備商用化的企業。

另一方面，非記憶體半導體的晶片包含多種功能，所以晶片被分為小的區域。此外，也會根據晶片的種類而有不同的外觀和大小。因此，檢測非記憶體半導體，更重視按照功能詳細檢查，而不是檢查的速度有多快。所以當記憶體半導體的分類機處理了數百個 Para 時，而非記憶體半導體的分類機一般只會落在 8 ～ 20 個 Para 左右。非記憶體半導體的分類機會因為晶片的多樣種類，而按照晶片的特性特別訂製設備。對非記憶體半導體的分類機而言，重要的是依照客戶要求完成設備客製化，面對眾多客戶時的應對能力、技術能力以及議價能力，就是這些企業的競爭力。由於非記憶體半導體的分類機市場規模比起記憶體半導體分類機市場大兩倍，所以讓過去僅製造記憶體半導體分類機的企業積極考慮是否進軍該市場。

就像記憶體半導體專用和非記憶體半導體專用的分類機之間有所差異，所以擅長生產這些產品的公司當然也就不一樣。在記憶體半導體分類機方面，由擅長生產該品項

的韓國國內上市公司特科源維持高市占率；在非記憶體半導體方面，則是美國的 Delta Design、日本的精工愛普生、德國的 Multitest 和台灣的鴻勁科技等優秀的國內外企業，在市場占有一席之地。

分類機與 COK，形影不離的存在

COK（Change over kit）是分類機設備內放置半導體晶片的托盤。COK 會在晶片接受檢測前的移動過程中，負責事先調整好檢測時需要的溫度等條件。由於 COK 是半永久性的產品，能夠使用五到七年，但若分類機要分類的晶片種類不同，就必須替換 COK 或者進行改造。特別是，COK 為了更適合運輸晶片，因此依照晶片的形狀製造，一般來說，若晶片的型態和大小改變，那麼 COK 也會跟著替換。這成了 COK 銷量增加的原因，而分類機設備商也多虧於此，才能在不必銷售分類機的情況下創造營收。由於非記憶體半導體晶片的種類非常多元，因此變更 COK 的頻率比記憶體半導體來得高。這也是高度依賴記憶體半導體的分類機設備商必須擴大範圍、進軍非記憶體半導體分類機市場的另一個原因。

由於 COK 是核心配件，分類機設備交貨之後，依然會持續有銷量。也因此 COK 的銷售額，會隨著已經交貨的設備數量一起成長。尤其是非記憶體半導體分類機專用的 COK 銷售有大幅增加的趨勢，之前提過的應用材料公司全球服務部門，就是類似的模式。

從特科源的角度
看後端製程設備商

記憶體半導體分類機領域的全球強者——特科源

　　特科源（Techwing）是成立於二〇〇二年八月的半導體測試設備廠，許多的半導體設備商都成立於二〇〇〇年代初，而特科源就是其中之一。特科源自二〇〇三年起開始提供設備給 SK 海力士。二〇〇六年開發了記憶體半導體專用的分類機，當時開發的設備，就是 512 Para 的設備。之後，特科源也成功出口產品，向美光科技等海外知名大廠供貨。後來在二〇一一年，以這些成果為基礎，成功於科斯達克（編按：KOSDAQ，韓國創業板市場）市場註冊登記。二〇一四年前後，特科源正式開始經營非記憶體半導體專用的分類機業務，與其說得以快速成長，不如說特科源持續創造新的可能性，讓營收規模不斷擴大。因為記憶體半導體分類機為主力產品，因此營收會隨著記憶體半導體的投資循環而產生變動。而和分類機設備一起使用的配件中，介面板（interface board）和 COK 的銷售持續穩定創造營收。

專注於記憶體半導體專用分類機，是優勢也是劣勢

特科源在全世界記憶體半導體分類機的市場中，一直維持著二位數中段的占有率，主要客戶包括 SK 海力士、美光科技和晟碟等記憶體半導體企業。三星電子並未採用特科源的分類機，而是由自家公司的子公司 SEMES 生產設備，因此特科源相當仰賴 SK 海力士和美光科技的市場表現。所以，若三星電子試圖擴大 CAPA（產能），而 SK 海力士與美光科技又逐漸減少投資的話，特科源就無法視為是記憶體半導體的受惠者了。

特科源在記憶體半導體專用的分類機領域聞名世界，但也有其局限。這是因為，雖然特科源在分類機方面占有率非常高，但要再進一步提高占有率，並不容易。SK 海力士和美光科技等企業開始追求多角化供應商的策略，特科源已經是這些企業中最大且占有率最高的供應商，想超越現有市占率非常困難。

日後特科源若想提升銷售額，能嘗試的策略如下：第一，逐漸擴大非記憶體半導體分類機的市場占有率，而不是固守現有主力產品的記憶體半導體專用分類機市場；第二，除了在最終檢測製程中使用的記憶體半導體分類機外，讓其他檢測製程中使用的自動化設備相關新事業也能成功。

實際上，特科源也相當積極在推動這兩項新業務。特別是在非記憶體半導體的分類機廠，可能會透過參考國內外公司來拓展自家業務。而在事業多角化方面，其中一個

例子就是，收購顯示器設備商—— E&C Technology。E&C Technology 主要負責製造檢測各面板顏色是否正常顯示、是否正常點亮、是否破損的設備等，和特科源的分類機著重的領域有些不同。

特科源一直以來，都有仰賴著記憶體半導體週期的趨勢。若近期營收大幅降低，那麼很有可能目前正處於記憶體產業衰退週期。因此，與其說企業處於面臨倒閉的窘境，不如說他們其實正在等待迎接日後讓營收反彈的良機。

CHAPTER

16

在投資半導體產業之前

**Investment
in semiconductors**

記憶體和
非記憶體半導體產業
的差異

先接單再生產的非記憶體半導體，與先產後銷的記憶體

　　許多投資者在分析一家企業的過程中，很容易忽略的一件事，就是沒有充分考量接單企業的特點。一般來說，從投資者的角度來看，接單公司根據合約製造和銷售產品，但產品的生產製造週期超過數月，因此合約負債或存貨項目持續累積並認列在財務報表很長一段時間，並依需要向客戶預收費用，後續再提供商品或服務。最典型的，就是從建造到完工需費時二至三年的建築業和造船業，而這些產業通稱為承攬業。

　　不過，其實有許多製造業未被歸類在承攬業中，從財務報表也看不出明顯的承攬業特徵，但仔細觀察的話，會發現他們大多以接訂單的方式經營。與糕點公司的餅乾或冰果類產品不同的是，只有在客戶提出要求時才根據合約生產產品的商業模式，在不屬於承攬業的一般製造業中也

經常看見。

　　非記憶體半導體產業積極推動晶片多元化，無晶圓廠（Fabless）和晶圓代工廠（Foundry）的分工也變得愈來愈明顯。晶圓代工廠生產的晶片完全是根據訂單合約製造。晶圓代工廠不自己生產產品，而是採取訂單生產（Make To Order）模式，根據無晶圓廠客戶的要求，生產固定數量的晶片。晶圓代工廠的生產完全根據事前談好的代工合約進行，因此不必擔心庫存。這是因為依預定的訂單製造的晶片，最後都會出貨給委託製造的客戶，因此無需擔心產品賣不出去，導致庫存增加或產品價格下跌的風險。換言之，無論生產多少產品，都能根據事前的採購合約取得營收。

　　大多數的非記憶體半導體晶片會因設計者不同和產品型號不同，規格上差異較大，因此，通常會依照委託需求，生產各式各樣的晶片。因此晶片價格波動並不大。尤其是，許多無晶圓廠 IC 供應商一開始開發晶片時，就與前端的 EDA 業者合作一起開發設計晶片，因此在委託製造的需求量內設計晶片，並交由晶圓代工廠代工生產，即能避免產生不必要的庫存。

　　即使沒有事先確定需求，無晶圓廠也可以保守預估需求，委託下單給晶圓代工廠代工製造。如果需求大於預期，可以向晶圓代工廠追加訂單，根據需求彈性調整供應。由此可知，晶片價格劇烈波動的情況並不常見。也因此，很多時候，決定企業利潤的關鍵是銷售量，而非晶片價格。就像是美國德州儀器這種產品種類多樣的非記憶體半導體公司，決定公司營收的關鍵就在於整體的銷量，而非個別產品的單價

變化。當然，如果非記憶體半導體企業所生產的晶片數量供過於求，產品庫存水位激增，積壓的庫存拉低產品價值，最終導致產品價格暴跌和存貨跌價損失。

相反地，記憶體產業由幾家企業所寡占，且主要以少樣大量生產的模式發展。通常在此過程中，主要產品與訂購合約無關，而是根據企業自己的存貨式生產（Make To Stock，MTS）流程製造，再銷售給下游市場的客戶。換言之，就是在倉庫塞滿產品，等待某天客戶找上門後，再銷售。

三星電子和 SK 海力士等記憶體半導體企業，從預測市場需求開始，一直包辦從產品開發、生產、銷售、流通的所有業務，同時根據市場預測，制定設備運作計畫。一旦設備開始運作後，就會不間斷生產相同的產品，完成的產品則會被堆放在倉庫裡。在此過程中，產品價格完全由市場供需決定。因此，只要需求和供給稍有失衡，價格就容易大幅波動。

如果錯估市場，產品供給過剩，庫存商品暴增，導致價格直線下滑。反之，如果供給有限，產能吃緊，所以市場爭搶，生產多少產品，市場就賣多少，由於客戶爭相搶購，使得產品價格上漲。當需求逐漸增溫，產品價格開始上漲，客戶為了以低價購買到產品，即使勉強也會增加產品的採購量。在此過程中，產品價格就會以更快的速度飆升。尤其是當記憶體半導體的需求增加，設備的生產能力卻無法跟上需求的話，就必須花費很長的時間和龐大的費用來增添設備。也就是說，由於擴產費時耗日，因此在這段期間，產品價格會進一步急遽飆漲。

半導體產業景氣回溫，爲何不見三星電子股價回暖

　　三星電子、SK 海力士、美光科技製造的大部分 DRAM和 NAND 快閃記憶體因為供需失衡，價格的波動幅度變大。只要供需稍有失衡，價格就有可能大幅波動。因此，這些企業的營業利益完全取決於產品的市場價格。帶動企業營收的關鍵因素是提高 DRAM 和 NAND 快閃記憶體的單價，而非增加銷售量。這也是為何許多投資者在預測這些企業的股價時，更著重在分析產品價格，而非銷量的原因。

　　當然，並非所有的記憶體半導體企業皆呈現這種態勢。經營利基市場的濟州半導體，並未採取量產記憶體半導體後銷售的方式，而是完全依據訂購合約中，前端的 EDA 企業要求的數量進行設計，再透過外包完成生產的一家無晶圓廠企業。因此，濟州半導體所生產的 DRAM，相較於三星電子和 SK 海力士所生產的 DRAM，在價格上的特色完全不同。

　　然而，大部分記憶體晶片的產銷模式並非透過訂單合約，而是透過供應商預測市場需求所主導的計畫生產（BTF）模式生產，生產的產品存放在倉庫中。因此記憶體業者會因應不斷增長的需求而增產，使得庫存快速拉高。庫存多不一定是件壞事。不過，市場的學習曲線拉高，如果庫存水位超出預期，往往不利於記憶體晶片市況。特別是，對前景抱持樂觀，並透過擴產，提高供貨，卻遇到下游需求突然急凍，那麼成品將全數淪為庫存。在此情況下，記憶體晶片業者在銷售記憶體的議價談判中，位居劣勢，晶片

[圖 16-1] 超微半導體公司的 Ryzen 中央處理器,是根據超微半導體公司和晶圓代工廠之間的訂購合約所生產的。[52]

價格因而迅速崩跌。這是因為在現實中,沒有消費者想當冤大頭,在生產廠商的倉庫堆滿存貨的情況下,還願意以高價購買產品。綜合上述,庫存資產是決定記憶體晶片業者議價成敗的關鍵。

反觀接單製造的產品,在合約期間,價格通常能維持在一定的範圍內,而且因庫存造成的庫存週期和去庫存情況也不像記憶體晶片業者那樣明顯。在這種情況下,價格波動程度就會遠低於前述的記憶體晶片。當然,如果像二〇二〇年前後那樣,發生晶圓代工廠供給不足的意外狀況,那麼產品單價就可能迅速發生變化。

---

[52] Unsplash, Olivier Collet.

實際上，自二〇一〇年代中期以來，中低階行動裝置和物聯網促使晶圓代工的需求飆升，晶圓代工廠罕見地年年調漲代工費。前面提及的 DB HiTek 也在未擴增設備的情況下，僅靠漲價就提高了利潤，股價因此翻漲了六倍以上，漲勢驚人。過去，如果無晶圓廠銷售的產品供應不足，只要要求晶圓代工廠提高產量就可以了。但由於晶圓代工廠同時接到太多訂單，無法迅速供貨，導致市場上的晶片短缺，價格因而暴漲。不過，只要沒有發生這種供給不足的罕見狀況，那麼產品價格的波動幅度就遠小於記憶體晶片。

　　如果因供給過剩而累積庫存資產的話，那麼在未來一旦需求反轉，產品價格調漲的時間將往後推遲。如果是接單的企業，一旦需求在短期內暴增，因訂單滿載，進而推升產品價格，因此也很難談妥新的訂單。所以，晶圓代工廠對需求的變化是很敏感的，這也很迅速的反映在利潤增長上。反觀累積庫存資產的記憶體產業，即使需求回升，也需要經歷一段可能長達數月的去庫存時期。因此，相較於需求變化，價格更晚反轉。如果全球半導體產業全面回溫的話，晶圓代工廠的利潤增加和股價反彈會較早反應，而記憶體業者則較晚見到利潤增長和股價回升。

為何說
記憶體半導體賣得多
不等於賣得好

記憶體半導體的容量比數量更重要

在這裡想問各位讀者一個問題。假設去年三星電子賣了一個記憶體半導體，今年賣了兩個，那麼今年比去年多賣了幾倍呢？可能有許多人會認為多賣了兩倍，但其實正確答案是「不詳」。如果三星電子去年賣了一個 2GB 的產品，今年賣了兩個 1GB 的產品，我們無法說今年比去年多賣了兩倍。2GB 產品因為是具有高規格的高價產品，其銷售額和利潤也相對更高。而且去年販賣的那一個 2GB 產品有可能是由兩個 1GB 產品合併而成的。因此，我們很難僅以銷售數量表示記憶體半導體多賣出了多少。更具體地說，判斷記憶體半導體成長率的標準是「容量」，而非「數量」。

位元成長率──記憶體的成長取決於位元，而非數量

　　記憶體容量的最小單位是位元（bit）。8個位元為一個位元組（byte），1000個位元組則為一個千位元組（KB，kilobyte）；1000個千位元組為一個百萬位元組（MB，megabyte），1000個百萬位元組則為一個十億位元組（GB，gigabyte）。近日，數據使用量大幅提升，因此用量單位經常會用到十億位元組的千倍──兆位元組（TB，terabyte）。而我們在計算「記憶體半導體多賣出了多少」時，以容量的基本單位──位元為基準。因此，若去年賣了1000位元的記憶體半導體，今年賣了2000位元的記憶體半導體，那麼就可以說以容量為基準時，今年比去年多賣了兩倍。這種以位元為基準計算出的成長率指標就被稱為「位元成長率」（bit growth）。

　　投資半導體產業時，常會聽到「位元成長率」。這個詞彙不僅散見於多數的產業報告或新聞報導中，更經常出現在各企業的年度報告或證券公司的報告裡。如果三星電子、SK海力士、美光科技的記憶體半導體的銷售優於市場預期的話，整體的位元成長率表現演出大驚奇。如此一來，今後市場對後市的銷售預期會上調，投資者對該產業現況的期待，也更可能進一步地反應在股價上。

所有半導體企業
都會經歷
景氣循環週期嗎？

容易受景氣影響的半導體為何難投資呢？

　　保守型投資者之所以避開半導體產業，很大一部分原因是韓國半導體產業過度依賴記憶體產業，並且深受供需影響而導致景氣循環。特別是在韓國上市半導體公司中最知名的三星電子和 SK 海力士相當依賴需求供給，因此韓國半導體產業的營業利潤波動較大的觀點就成了主流觀點。景氣循環產業的投資難度較高的原因很多，而其中主要兩大原因分別是，供需變化難預測，以及投資者缺乏長期投資的心態。

　　特別是投資人心態的部分，許多投資者認為只要在景氣循環低點買入股票，高點賣出就能賺取利潤，但這種簡單的景氣循環投資法其實根本不存在。其中最大的問題就在於景氣循環低點比預期的還久時，多數的投資人會選擇此時離開市場。而下一次循環的景氣低點比想像中更早結

束，讓一直等待買進時機的投資人錯失進場機會。此外，若下一次的股價高點比想像中來得晚，許多投資人會不看好股票，而在股價上漲初升段，就賣股離場。

在二〇二〇年初期，美股熱潮讓很多個人投資者湧入了美國股市。對許多投資者而言，美股之所以具有吸引力，是因為平均市場報酬率高於國內市場，再加上美股沒有漲跌幅限制，波動率大，因此一旦出現熱門股，股價就很容易一次飆升數倍，助長投資者對美國夢的幻想。不過事實上，美股真正的魅力並不在此。

以同樣的策略回測美股時，超額利潤並沒有比韓國股市高很多，且美股的高波動性容易隨著獨立機制和數學概率的改變而出現負報酬，而這與股市無關。美股有不少令人嚮往的因素，像是可以自由投資比韓股市場大 2.5 倍以上的上市公司，市場波動性大，甚至每過一段時間就會出現像特斯拉這種新的巨頭。而投資美國企業其中一個好處是可以穩定且持續地投資，這種情況也出現在半導體產業中。

韓國半導體企業的循環週期較短，反觀美國主要的半導體上市公司呈現出利潤穩定上漲的上升趨勢。不僅是英特爾、輝達、超微半導體、德州儀器、台積電等大型半導體企業，應用材料、科林研發、科磊、艾司摩爾等設備製造公司也呈現出穩定的上升趨勢，即使偶爾出現循環，也因為下跌幅度低、循環週期長，所以利潤變化小，收益相當穩定。

這種趨勢是因為投資組合專注於以利潤相對穩定的非記憶體半導體，同時向國際半導體企業提供多樣化的產品，且與全球市場的增長共同發展。產業週期的大小與半導體

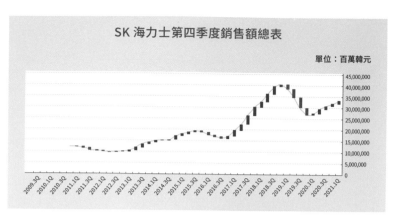

SK 海力士第四季度銷售額總表

單位：百萬韓元

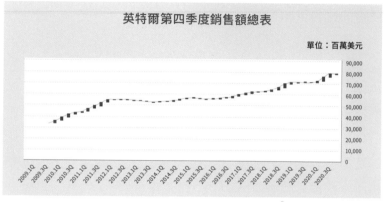

英特爾第四季度銷售額總表

單位：百萬美元

[圖 16-2] 依賴記憶體產業的韓國半導體企業容易受到景氣變化影響，具有明顯的循環週期，反觀美國半導體企業的利潤趨勢則相當穩定。

無關，而是取決於該企業所處之半導體產業的特性。有些企業雖然重度依賴韓國半導體企業，但產業循環卻不明顯。也就是我們所說的材料企業。

對長期投資者來說，
投資材料股更容易

穩定的材料供給帶來穩定的晶片製造

　　半導體企業會盡可能不更換製造所需的材料和材料供應商。就如同好麗友（Orion）生產的巧克力派與樂天生產的巧克力派，在味道和口感上有所不同，同一種材料在供貨穩定性和雜質含量等方面可能存在差異，因此更換供應商可能會對製程產生負面影響。再加上半導體製造中，材料所占的成本比重微乎其微，更換的必要性也就非常低。因此，想要跨足半導體事業的材料企業，在擴大供應的初期可能會面臨困難。這正是為何上市公司維電材料（YMT）雖迅速地擴大了在印刷電路板市場上的占有率，卻在進軍半導體市場後發展緩慢的原因。不過，一旦開始供應，材料企業與供應鏈通常會基於信任，維持長期合作。而這種特性也反映在材料企業的利潤上。

　　半導體企業所選的材料會持續供應，且根據半導體企業的需求，通常產品會逐漸多樣化。譬如，過去 SK Materials 還是 OCI Materials 的時候，雖然只有幾個產品，

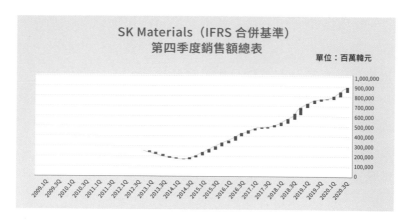

[圖 16-3] SK Materials 透過在半導體產業的發展、產品多樣化與併購,多年來保持營收持續成長。

但借助於 SK 集團的全面支援和併購,目前的產品種類已經增加到數十種。產品多樣化的趨勢,也出現在 Soulbrain、Wonik Materials 等其他企業中。

在多樣化的基礎上,加上下游產業的穩定成長和半導體的出貨量增加,材料企業的產品供應量正在持續增加。與此同時,材料企業透過不斷擴大產能,構築競爭壁壘,墊高競爭者進入市場門檻。產品賣得愈多,就自然而然地形成高門檻。就如同沒有製造過 DRAM 的企業,很難會投入數十億美元的資金,只為了進入成功機會很低的市場。同理,準備跨足材料事業的企業,也很難為了彌補供應短缺和發展緩慢的問題,而投入大量資金。因此,目前市場上的材料企業靠著出色的穩定性,利潤長期以來呈現上升趨勢。這是因為全球的半導體數量持續增加,種類也愈來愈多。

利潤長期增加，意味著長期投資會更加有利。當然，即便呈現增長的上升趨勢，也可能出現負成長的情況，這是半導體產業出現波動或景氣循環而引起的自然現象。不過，這種情況通常很快就會結束，只要材料企業的商業模式持續維持，上揚的趨勢在短期內就不會改變。投資材料產業失利的原因，主要是因為買入股票不久後就脫手，又或是以太貴的價格買入，或因為特別的事件發生而導致。

投資半導體，
基本面很重要

其實在開始動筆前，我已經知道寫書這件事並不容易。與能夠自由發揮想法的部落格或是 YouTube 等網路媒體不同，需盡可能地排除自己的主觀，並以客觀且輕鬆的角度呈現所蒐集的資料，這個過程中遇到了各種困難，還有一個當初完全無法設想到的問題：我想在書中呈現許多主題，但是後來才發現無法全部寫進書裡。

意識到一本書的篇幅有限，連半導體的核心內容都無法全部收錄，更別說是寫完整個半導體產業了，所以只好精心挑選最重要的內容放進書裡。為了縮減頁數，刪除了

許多原本想分享的內容，這個過程辛苦又痛苦。不能把想寫的內容都寫入書中也很令人遺憾。為了能將一些故事融入書中，所以試著將故事寫進去並重寫文章。書中沒寫到的半導體產業大小事、目前產業與技術變化、每日半導體新聞等議題，預計將透過部落格文章，以及我的課程「文組也 OK 的半導體產業」等其他平台，持續分享。

寫作的過程中，我聚焦的兩個關鍵字是「半導體」和「投資」。雖然這本書大多寫的是半導體技術與產業的趨勢，但同時也以對產業的理解與變化為中心，分享了非常多值得參考的內容。我習慣在投資之前先進行分析，經過這麼久一段時間，發現許多投資者在投資時只看公司的財務報表、會計、計算公平價值，這種情況讓我深感可惜。每當強調商業報告的重要性時，也會有不少投資者誤以為我指的是財務報表。

我比任何人都還要早了解到財務報表和會計數字的重要性，但與我們需要查看一家企業的許多資訊相比，財務報表只不過是面試前瀏覽的履歷而已。華倫・巴菲特、查理・蒙格、彼得・林區（Peter Lynch）等知名投資人並不會去計算目標股價，或是執著於將數字帶入一些公式，更不會只看一家公司的財務報表就決定是否投資。雖然這是一本投資書，但並不包含企業的財務狀況或公平價值的相關內容。而是將重點放在最基本的內容，提供投資人實用的資訊。

半導體產業不只在韓國股市，也在全球股市占相當大的比重。我們從很多地方都能感受到，今後半導體的影響

力只會愈來愈大。除了下游產業的規模擴張、技術的專業化與多樣化以外，韓國國內研發人員與工程師不間斷的努力都將成為一大助力。

最後，我想謝謝每一位讀完這本書的讀者。這本書的內容，只是了解半導體產業的第一步。希望各位讀者在認識半導體產業時，能將《Smart 投資半導體》放在手邊作為參考，並透過我的部落格或其他各種媒介，擴大對半導體領域的深度與廣度。

半導體公司名單

　　正式進入章節之前欲先提醒讀者們，各家企業的業務領域相
當專業，產業發展迅速，受限於篇幅字數緣故，在此無法逐一詳
細說明。如欲了解企業與產業的發展趨勢，請參閱筆者部落格。

材料

材料企業名單	所在地	產品供應穩定性 [1]	主要製程	記憶體半導體依存度 [2]	競爭強度 [3]	
韓國上市公司						
園益材料 （WONIK Materials）		★★★	複合	高	弱	
SOULBRAIN		★★★	蝕刻	普通	普通	
韓松化學 （Hansol Chemical）		★★	沉積	高	強	
東進世美肯 （Dongjin Semichem）		★★★	複合	普通	普通	

※ 註記

1. 已綜合考量主要商品的產品競爭力、供應週期、半導體企業的投資持股現況。
2. 依存度偏高的企業，可能出現記憶體半導體週期。
3. 單純從競爭公司以外的投資者觀點來看，還多加了以投資者立場願意保守投資的主觀條件基準，如隨受益商品國產化競爭強度的改變與子公司商品供應影響競爭強度。

	官方網站
公司所屬業務資訊專業度高與更新速度快，以及受限於篇幅字數，因此無法逐一詳細說明。如欲了解企業與產業的發展動向，請參閱筆者部落格。	
園盆材料為工業氣體供應商，主要提供 NAND 快閃記憶體與、DRAM、記憶體半導體等晶片製程使用之氣體。產品線超過百項的製程相關零組件，隨著半導體性能的提高，預計將帶動相關材料的增長。	www.wimco.co.kr
蝕刻製程材料的專門生產商，是首家將蝕刻製程材料中代表材料氟化氫國產化之企業。其具備可適用記憶體半導體與非記憶體半導體製程的專業能力。半導體微縮化不可避免地帶動蝕刻製程材料需求量的大幅提升，未來預計其企業規模與銷售會持續增長。	www.soulbrain.co.kr
在沉積製程中所需材料領域中極具優勢之生產商。半導體的製程持續提升和結構微縮化，帶動了沉積製程材料的需求。韓松化學致力於研發符合下游半導體廠商需求之商品。	www.hansolchemical.com
東進世美肯不僅將日本與美國獨有生產的光阻劑國產化，更是透過與三星電子等半導體公司的密切合作，供應新產品來帶動自身企業成長。具備南韓國內最先進的光阻劑技術，率先共同研發國內半導體廠商所需的特殊光阻劑，不斷加強公司產品供應力。其推動的相關零組件國產化，也為自家帶來許多益處。	www.dongjin.com

材料企業名單	所在地	產品供應穩定性 [1]	主要製程	記憶體半導體依存度 [2]	競爭強度 [3]	
SK Materials		★★★	沉積	高	普通	
TCK		★★	蝕刻	高	弱	
Hana Materials		★★★	蝕刻	普通	弱	
DNF		★★	沉積	高	強	
SKC		★★	沉積	高	強	
MECARO		★★	沉積	高	強	
Ocean Bridge		★★	沉積	高	強	
Ram Technology		★★	蝕刻	普通	強	

	官方網站
前身為OCI集團旗下沉積製程材料的專門生產商,而其產品線不止半導體,也包括各類產業所需的材料。SK Materials 主要提供記憶體半導體使用之材料,並占有優勢,同時研發並供應全球罕見的特殊沉積製程材料。SK Materials 更是 SK 集團全力支持的半導體企業之一。	www.sk-materials.com
高階半導體蝕刻製程中關鍵的元件生產商,碳化矽元件是主力產品。透過積極供貨給 NAND 快閃記憶體,與 NAND 快閃記憶體同步成長。	www.tck.co.kr
蝕刻製程中關鍵的元件生產商,主要生產矽元件商品。Hana Materials 隨著矽晶產業的成長一同壯大。	www.hanamts.com/ko
在半導體製程的沉積、曝光製程中使用的材料具有優勢的企業。特別是,它是南韓蒸鍍材料業務歷史最悠久的企業之一,這也代表他們擁有卓越的產品開發能力。由於半導體製程持續進展及結構的微縮化、沉積、曝光製程材料的需求增加,帶動自家商品穩定成長。	www.dnfsolution.com
這是一家在半導體沉積製程中,在供應沉積材料具有優勢的企業。隨著半導體製程不斷提升和結構微縮化,對沉積材料的需求增加,因此,透過積極研發滿足下游半導體廠商需求的產品來因應需求成長。	www.skc.kr
供應沉積製程所需相關零組件與半導體裝置熱阻斷元件之生產商。隨著未來半導體晶片持續微縮化與高密度化,沉積材料的需求必定增加。隨著晶片的結構日益複雜,對沉積與蝕刻裝置的需要隨之增加,設備結構的複雜度也因此提高,所以對設備零組件的需求也可望增加。	www.mecaro.com
半導體沉積製程中,沉積材料領域的領導生產商。隨著半導體製程不斷精進與結構微縮化使得對沉積材料的需求增加。透過研發符合下游廠商需求之產品以因應市場所增加的需求。Ocean Bridge 在競爭激烈的數百種沉積材料廠商中,穩定成長。	www.oceanbridge.co.kr
主要生產蝕刻製程所需的多種蝕刻材料。除了半導體外,同時也供應顯示器、太陽能與 LED 發光二極體等材料。隨著半導體製程的不斷精進,蝕刻材料的需求不斷增加,企業也持續穩定擴大產品供應,以推動企業成長。	www.ramtech.co.kr

材料企業名單	所在地	產品供應穩定性[1]	主要製程	記憶體半導體依存度[2]	競爭強度[3]
三星 SDI		★★★	曝光	普通	弱
韓國非上市公司		※ 未上市公司資訊不足，無法提供參考			※ 未上市公司資訊不足，無法提供參考
UP Chemical			沉積		
DCT Material			複合		
DONGWOO FINE-CHEM			複合		
外商					
液化空氣集團（Air Liquide）	美國	★★★	複合	低	弱
杜邦公司（DUPON）	美國	★★	曝光	低	普通

	官方網站
以電池供應商聞名的三星 SDI，其電子材料部門同時也負責開發與生產半導體相關零組件，供應給三星電子等半導體企業。主要是用於微影製程的材料。三星 SDI 專心致力於推動，來自日本與美國半導體企業生產的進口尖端材料國產化及研發，是半導體產業中極具影響力的企業。	www.samsungsdi.co.kr
製造沉積製程所需的沉積材料生產商，主要製造沉積製程所需材料。積極研發新產品，因應市場上半導體製程材料變化多元的發展，達成銷售額增長。	www.upchem.co.kr
如同 Chapter 12「RC 延遲的 C，DS Techopia 為何開發新產品？」中有提到過的，DCT Material 是專門供應低介電係數材料與曝光製程所需材料的生產商。是一家面對半導體微縮化與高階化，持續研發新產品，提高獲利能力的企業。尤其是持續開發出在曝光製程中與光阻劑共用的尖端材料，擴大了對曝光製程的供貨量。	www.dctmaterial.com
日本住友化學的子公司，主要研發高純度化學材料製品，同時也積極開拓產品線。目前是韓國國內為擁有最多半導體材料領域專利的企業。DONGWOO FINE-CHEM 供應產品為研磨、蝕刻、曝光等製程中使用的尖端化學材料。	www.dwchem.co.kr
以半導體製程所需的各式沉積、蝕刻相關材料為主的生產商。液化空氣集團在工業氣體領域已有超過百年的歷史與經驗，具備研發及生產半導體產業中使用的各類特殊氣體之技術能力。現除工業氣體外，也有提供各類產業及醫用氣體的服務。	www.industry.airliq-uide.kr
全球領先的尖端化工材料生產商，其曝光製程用的尖端材料極具競爭優勢。首創 EUV 極紫外光微影術製程材料並於國內量產。除前述產品，還生產晶圓研磨與各類半導體製程材料。	www.dupont.co.kr

材料企業名單	所在地	產品供應穩定性 [1]	主要製程	記憶體半導體依存度 [2]	競爭強度 [3]	
陶氏化學 （Dow Chemical）	美國	★★★	複合	高	弱	
信越化學工業 （Shin-Etsu）	日本	★★★	晶圓	普通	弱	
勝高 （SUMCO）	日本	★★★	晶圓	普通	弱	
卡伯特微電子公司（Cabot Microelectronics）	美國	★★★	研磨	普通	弱	

設備

韓國上市公司						
WONIK IPS		★★★	沉積	高	普通	
Eugene Tech		★★	沉積	高	強	

	官方網站
陶氏化學是尖端化學的全球企業廠商，提供國內外半導體企業各種半導體用尖端材料。在製造超高純度材料方面表現出色，具備獨立研發依各製程特色尖端材料的能力。原旗下光阻劑部門已轉售給美國杜邦公司。	www.dow.com
全球最知名的矽材料公司，在半導體領域則是以供給矽晶圓聞名。信越化學工業可以說是矽晶半導體產業成長的縮影。	www.shinetsu.co.jp
和日本信越化工業同屬矽技術實力堅強的公司，而矽晶圓為其主要強項。勝高企業隨著矽晶半導體產業發展成長。可與信越一起製造品質超群的晶片，所以，高階半導體一般多是透過這兩家企業的產品製造。	www.sumcosi.com
卡伯特微電子公司是半導體製程中研磨晶片表面，使其平坦化的零組件與相關耗材供應商。受半導體製程技術推進與晶片結構的多樣化、垂直化影響，進一步帶動研磨製程的需求，卡伯特微電子便因此受惠而成長。特別是在材料領域具有優勢。聯手同業廠商開發各式新材料，形成了很高的競爭壁壘。	www.cmcmaterials.com

韓國複合半導體設備製造商的領導企業之一，具備製造 DRAM、NAND 快閃記憶體、非記憶體半導體、顯示器裝置等能力。多樣化的產品線包含沉積、蝕刻、熱處理等設備。全球首位上市原子層沉積系統的企業。隨著三星電子企業版圖的擴大，所供應的設備也穩定成長。	www.ips.co.kr
沉積製程設備專門製造商。不僅致力於進口設備國產化，並具有與半導體企業合作的基礎上，開發新一代沉積設備的潛力。以日本東京威力科創推出的原子層沉積系統為起點，擴大國產化商品線。產品客戶包含：三星電子與 SK 海力士。	www.eugenetech.co.kr

設備企業名單	所在地	產品供應穩定性 [1]	主要製程	記憶體半導體依存度 [2]	競爭強度 [3]	
周星工程（Jusung Engineering）		★★	沉積	高	強	
KC Tech		★★	研磨	高	普通	
PSK		★★★	曝光	普通	弱	
TES		★★★	沉積	高	弱	
Exicon		★★★	檢測	高	弱	
UniTest		★★	檢測	高	普通	
Neosem		★★★	檢測	高	弱	
特科源（Techwing）		★★★	檢測	高	弱	
韓美半導體		★★★	晶圓	低	弱	

	官方網站
半導體製程設備與顯示器設備的製造商。不僅致力於進口設備國產化,還具有與半導體企業合作的基礎上,開發新一代沉積裝備的潛力。在沉積設備中,ALD(原子層沉積系統)設備是其強項,受半導體微縮化影響,處理設備增加,並穩定成長。	www.jusung.com
記憶體半導體與非記憶半導體製程中,曝光與研磨設備專門製造商。隨著半導體晶片的結構垂直堆疊愈多層,預計對 KC Tech 生產的研磨設備需求可望增加。日漸先進的半導體晶片製程,讓其產品供應也穩定成長。	www.kctech.com
半導體微影製程設備的專門製造商,主要商品是用於微影製程中去除晶圓上多餘電路圖案的設備。全球設備供應商科林研發是 PSK 市場上的競爭對手。產品線包含非記憶體半導體製程的通用設備,因此被評為非記憶體半導體的受惠股。曝光製程設備擁有世界第一的稱號。	www.pskinc.com
沉積、蝕刻、清洗製程用設備製造商,最主要生產 NAND 快閃記憶體製造時必須使用的沉積製程設備。應用科技為市場競爭對手。隨著半導體企業清洗製程日漸發展,TES 持續研發清洗設備滿足其需求,同時擴大企業規模持續成長。	www.hites.co.kr
專門生產在完成記憶體導體的過程中,晶片測試設備的企業。透過與三星電子的合作,不斷研發新一代設備。未來預計將事業觸角延伸至非記憶體半導體測試設備,推動下一波企業成長。	www.exicon.co.kr
專門生產在完成記憶體半導體的過程中,晶片測試設備的製造商,在記憶體領域中,以測試 DRAM 及 DRAM 相關產品為其強項。產品銷售往海內外,企業成長穩定。	www.uni-test.com
請參考 Chapter 15「受惠於 SSD,從 NeOsem 看測試設備商」。	www.neosem.com
請參考 Chapter 15「從特科源的角度看後端製程設備商」。	www.techwing.co.kr
世界優良後段製程設備製造商。配合半導體廠需求,供應多樣設備。除韓國半導體企業外,在台灣與中國市場的銷售情況特別好。非記憶體半導體製程所需的設備累積經驗,讓韓美半導體被視為非記憶體半導體的受惠股。韓美半導體在半導體記憶體研發方面,與 SK 海力士合作的意向高於三星電子。	www.hanmisemi.com

設備企業名單	所在地	產品供應穩定性 [1]	主要製程	記憶體半導體依存度 [2]	競爭強度 [3]	
LOT 真空		★★	複合	普通	普通	
帕科股份有限公司（Park Systems）		★★	複合	低	普通	
韓國非上市公司		※ 未上市公司資訊不足，無法提供參考			※ 未上市公司資訊不足，無法提供參考	
SEMES		★★★	複合	高		
Ebara Precision Machinery			複合			
外商						
應用材料（Applied Materials）	美國	★★★	複合	低	弱	
科林研發（LAM Reserch）	美國	★★★	複合	高	弱	

	官方網站
以供應半導體製程中使用之眞空泵浦的設備商。生產維持半導體機台內部眞空的核心泵浦,特別是用於沉積製程用的泵浦。LOT 眞空致力材料、相關零組件、設備的國產化,同時也積極研發其他製程用的眞空泵浦,豐富其產品線。其主要產品爲啓動眞空泵浦時不使用油的乾式泵浦。	
主要供應半導體製造時,測量晶圓表面曲度的均勻度之原子力顯微鏡。身爲全球最佳的原子力顯微鏡製造商,市占率逐年增加,穩定成長。在原子力顯微鏡領域更因卓越的技術水準而聞名。隨著半導體與產業整體的微縮化趨勢,預計接連帶動原子力顯微鏡的需求。	www.parksystems.com/kr
三星電子的核心子公司,也是半導體與顯示器用核心設備國產化推手與韓國半導體設備領導製造商。目標成爲世界五大半導體設備製造商之一,持續主導推動美國與日本獨產之沉積、蝕刻、清洗核心設備本土生產。若國產化設備種類持續增加,將帶動韓國半導體產業的成長。在三星電子的全力支持下,SEMES 持續致力於產品國產化發展,也與三星電子共同參與製程設備的研發,提升研發技術。	www.semes.com
以供應半導體製程中使用之眞空泵浦爲設備商。生產維持半導體機台內部眞空的核心泵浦,其主力產品爲啓動眞空泵時不使用油的乾式泵浦。	www.ebara.co.kr
世界級半導體沉積、蝕刻、研磨、測試設備製造商。全球第一大半導體設備公司,其產品市占率高達全球半導體的 20%。半導體產業的成長,離不開應用材料。	www.appliedmaterials.com
世界級半導體沉積、蝕刻設備專業製造商。在蝕刻製程設備更是無人能敵的全球第一專家。製造高性能半導體,必定使用科林研發的設備。由於記憶體半導體具有許多垂直結構,使得蝕刻變得困難,而科林研發的先進設備正好解決此一問題。未來,隨半導體晶片的微縮化,先進蝕刻設備,在半導體製程中的重要性日益提升。	www.lamresearch.com

設備企業名單	所在地	產品供應穩定性 [1]	主要製程	記憶體半導體依存度 [2]	競爭強度 [3]	
東京威力科創 (Tokyo Election, TEL)	日本	★★★	複合	普通	弱	
艾司摩爾 (ASML)	荷蘭	★★★	曝光	低	弱	
ASM 國際	荷蘭	★★★	沉積	高	普通	
科磊 (KLA)	美國	★★★	量測	低	弱	
愛德萬測試 (Advantest)	日本	★★★	檢測	普通	普通	
泰瑞達 (Teradyne)	美國	★★★	檢測	普通	普通	
愛德華 (EDWARDS)	英國	★★★	複合	低	弱	
亞舍立 (Axcelis)	美國	★★★	離子植入	低	弱	

	官方網站
全球半導體沉積與蝕刻設備廠商。比起應用材料公司與科林研發，其設備組合方面更有市場優勢。應用材料公司及科林研發的半導體產品，都必須使用東京威力科創的設備。	www.tel.com
請參考 Chapter 10「艾司摩爾是如何開始主宰極紫外光時代的？」。	www.asml.com
艾司摩爾是由飛利浦與 ASM 國際共同成立的公司。ASM 國際的總部設在歐洲，專門從事沉積裝備製造的半導體設備企業。高水準的技術與生產力，讓 ASM 國際能穩居世界前十大設備企業。沉積設備領域的卓越技術，使在 1999 年研發推出的原子層沉積系統設備截至 2020 年為止，成功讓 ASM 國際擠身全球原子層沉積設備市占率第一的實力企業。	www.asm.com
全球五大半導體設備製造商之一，專門從事晶圓檢測設備的生產。市面上數百間的半導體廠商採用數十種的檢測設備，唯有科磊的產品能符合市場所需，因此打敗對手贏得市占率。2016 年科磊試圖與科林研發整併，卻因獨占壟斷的疑慮而暫時擱置。	www.kla-tencor.com
後端製程晶片測試設備製造商，供應各類半導體測試設備。愛德萬測試以卓越的測試設備技術，與美國泰瑞達均分半導體測試設備市場。	www.advantest.com
與日本愛德萬測試同為提供各類測試設備的製造商。憑藉產品線齊全與卓越技術兩項優點，站穩市場地位。雖然有人評價其企業規模偏小，但泰瑞達仍可以現有的設備技術投入研發服務機器人，走向多角化經營。	www.teradyne.com
供應維持半導體設備機台內部真空的真空泵浦專門廠商。由於製造半導體時，隨著設備與製程的性質不同，使用的泵浦也會有所差異。愛德華所生產的產品多元，包含從低度真空泵浦到高度真空泵浦等。	www.edwardsvacuum.com
在 Chapter 2「讓半導體『活』起來的——摻雜」中提到，若在半導體中摻入少量雜質元素可使其形成導體特性。此技術常用於離子植入的製程，而亞舍立便是此離子植入設備的供應商。雖然離子植入設備的市場比起其他設備小得多，但領先的技術，使亞舍立的市占率不斷提升。除離子植入設備外，亞舍立也生產晶圓研磨裝備相關產品。	www.axcelis.com

設備企業名單	所在地	產品供應穩定性 [1]	主要製程	記憶體半導體依存度 [2]	競爭強度 [3]	
尼康 （NIKON）	日本	★★★	曝光	低	普通	
佳能 （CANON）	日本	★★★	曝光	低	普通	

設計

韓國上市公司						
希領半導體科技 （LX Semicon）		★★★		-	弱	
泰利晶片 （Telechips）		★★		-	普通	
ABOV 半導體		★★★		―	普通	
AD Technology		★★		―	普通	
濟州半導體		★★		―	強	
Dongwoon Anatech		★★		―	強	
CoAsia		★★		―	普通	

	官方網站
尼康曾經一度超越艾司摩爾，成爲全球第一大曝光機製造商。然而，自從被艾司摩爾超越後，在低階曝光機市場持續與艾司摩爾、佳能競爭。	www.nikon-image.co.kr
相對於自家知名度高的相機產品，半導體、顯示器與電池部門則屬存在感偏低的設備製造商。在半導體方面以經營曝光設備爲主，與艾司摩爾不同，在低階曝光設備市場與艾司摩爾和尼康競爭。	global.canon

主要負責 LG 集團非記憶體半導體的設計業務，積極開發 LG 以外的客戶市場來擴大事業規模。非記憶體半導體中，以智慧手機 OLED 顯示器驅動晶片爲主，並高度仰賴 LG 顯示器，不過，目前正逐步開發各種產品，拓展其他市場領域。	www.siliconworks.co.kr
主要負責設計驅動車載娛樂系統的應用處理器晶片，逐步研發與推出新款車用半導體晶片開拓市場。	www.telechips.com
請參考 Chapter4 「ABOV 半導體，一家具多樣化魅力的 MCU 上市公司」	www.abov.co.kr
請參考 Chapter 7 「AD Technology 爲何離開全球排名第一的企業？」	www.adtek.co.kr
一家針對利基市場上客製化記憶體半導體的設計與生產的製造商。主要商品是提供中低價位智慧型手機客戶設計用於其產品的 DRAM 與 SRAM。爲了提升智慧型手機性能，特別設計出將兩種記憶體半導體異質整合的 DRAM。濟州半導體的營收受益於客戶對專用晶片的需求增加而逐年上升。	www.jeju-semi.com
請參考 Chapter 4 「還有這種非記憶體企業！ Dongwoon Anatech，術業有專攻」。	www.dwanatech.com
CoAsia 爲三星電子晶圓代工部門的合作夥伴，同時經營設計晶片的無晶圓廠業務與晶片再設計，因此被歸類爲晶片設計公司。雖然在晶片設計領域資歷較淺，但善用以和三星電子晶圓代工的合作營運經驗，持續提升晶片設計技術能力。	www.coasia.com

設計企業名單	所在地	產品供應穩定性 [1]	主要製程	記憶體半導體依存度 [2]	競爭強度 [3]
外商					
高通 (Qualcomm)	美國	★★		―	強
超微半導體 (AMD)	美國	★★★		―	普通
安謀 (ARM)	美國	★★★		―	弱
博通 (Broadcom)	美國	★★		―	普通
輝達 (Nvidia)	美國	★★★		―	弱
恩智浦 (NXP)	荷蘭	★★★		―	普通
英飛凌 (Infineon Technologies)	德國	★★★		―	普通

	官方網站
受惠行動時代發展的企業，主要產品為行動設備 AP 和通訊晶片。如果說安謀控股是 IC 設計領域的最大受益者，那麼硬體設備的受惠企業則是高通。高通生產的產品隨著通信技術的腳步同步更新，即便進入 5G 時代，依舊也會穩坐王位。	www.qualcomm.com
一家設計 CPU 和 GPU 的無晶圓廠企業。為僅次於英特爾的第二大 CPU 和僅次於輝達的第二大 GPU。不同於英特爾從設計到生產一條龍的整合元件製造模式，超微半導體只單純負責設計。無過多的固定成本，讓超微半導體可將人力全數投入於晶圓設計。產品設計涵蓋電腦的高階 CPU 到其他高階 CPU，其設計技術的進步逐漸威脅英特爾。	www.amd.com
請參考 Chapter 5 「ARM 能創造超過五十兆韓元的價值嗎？」。	www.arm.com
非記憶體半導體通訊晶片的設計廠，主要供應有線和無線通訊半導體產品。產品線不只網路、藍芽、無線網路、全球定位系統等晶片設計，也包含多媒體再生晶片。	www.broadcom.com
提到 CPU 就會聯想到英特爾，而輝達就是世界第一的 GPU 製造商。兩者的差異在於，英特爾是從 CPU 的設計到生產都一手包辦的垂直整合製造商，而輝達只專注設計部分。未來人工智能時代，勢必對 GPU 的需求會大幅提升，因此成長表現可期。美國半導體的投資者認為，輝達和三星一樣是半導體龍頭股。	www.nvidia.com
前身為飛利浦，現為設計和製造多種類型的非記憶體半導體的整合元件製造廠。自家無法製造的高性能微型半導體通常外包給三星電子或台積電等代工代工廠製造。車用半導體占所有半導體產品的 40%，未來可能成為車用電子產業的受惠企業。	www.nxp.com
前身是西門子公司，現為設計和製造多種非記憶體半導體的整合元件製造廠。2020 年以 12 兆韓元收購美國的賽普拉斯半導體，從此脫胎換骨並在車用半導體市場嶄露頭角。受惠於無人駕駛與電動車發展，布局產品及產品線的多樣化，確保企業的成長可能性。	www.infineon.com

設計企業名單	所在地	產品供應穩定性 [1]	主要製程	記憶體半導體依存度 [2]	競爭強度 [3]
聯發科技 （MediaTek）	台灣	★★		─	強
賽靈思 （Xilinx）	美國	★★★		─	弱
索尼 （SONY）	日本	★★		─	弱
海思半導體 （HiSilicon）	中國	★★		─	弱
新思 （Synopsys）	美國	★★★		─	弱

	官方網站
前身是台灣首家半導體企業的聯華電子。是一家在設計中低階智慧手機晶片領域實力堅強的企業。善用從中低階晶片設計獲取之經驗，試圖打入高階市場，擴大企業規模。	www.mediatek.com
這是一家可依據客戶用途修改電路的現場可程式化邏輯閘陣列（FPGA）為其強項的企業。和一般的晶片只能依照最初的設計運作不同，FPGA 晶片可以適應各種設計，因此廣泛應用於電路配置複雜的產品。賽靈思持續擴大自家商品市場以追隨人工智慧市場、資料中心與通訊半導體的成長。現積極往人工智能領域發展，提升相關產品的市場銷售。	www.xilinx.com
為人所熟知的家電品牌。在半導體產業則以非記憶體半導體的影像感測器穩坐世界第一。市面上超過一半以上的智慧型手機相機，都是來自 SONY 家的高階影像感測器。為了提升拍攝畫質，不僅著重於精湛畫質的設計理念，更是導入最新製程技術研發產品，使其奠定屹立不搖的地位。	www.sony.com
中國智慧型手機華為集團的子公司，主要設計應用於華為電子商品的應用處理器。受惠華為智慧型手機的出貨成長，海思半導體躍居全球半導體廠商。持續致力於擴大通訊用半導體的設計能力，以保持企業成長。	www.hisilicon.com
請參考 Chapter 5 「還有另外掌握半導體產業霸權的企業？」。	www.synopsys.com

TOP
021

Smart 投資半導體
掌握半導體生態系一本通，材料、設計、設備股完美分析！
현명한 반도체 투자 : 소재·설계·장비주 완벽 분석！

作　　　者	禹皇帝
譯　　　者	陳家怡、林志英

責 任 編 輯	魏珮丞
校　　　對	游璧如
封 面 設 計	張巖
美 術 設 計	이유진、劉孟宗
排　　　版	JAYSTUDIO
總 編 輯	魏珮丞

出　　　版	新樂園出版／遠足文化事業股份有限公司
發　　　行	遠足文化事業股份有限公司（讀書共和國集團）
地　　　址	231 新北市新店區民權路 108-2 號 9 樓
郵 撥 帳 號	19504465 遠足文化事業股份有限公司
電　　　話	（02）2218-1417
信　　　箱	nutopia@bookrep.com.tw

法 律 顧 問	華洋國際專利商標事務所　蘇文生律師
印　　　製	呈靖印刷
出 版 日 期	2023 年 06 月 28 日出版一刷
定　　　價	650 元
I　S　B　N	978-626-97052-3-8
書　　　號	1XTP0021

현명한 반도체 투자
(Intelligent Semiconductor Investment)
Copyright ©2022 by 우 황 제 (Woo Whang Je，禹皇帝)
All rights reserved.
Complex Chinese Copyright © 2023 by NUTOPIA
PUBLISHING, A DIVISION OF WALKERS CULTURAL ENTERPRISE
LTD.
Complex Chinese translation Copyright is arranged with
IREMEDIA CO.,LTD
through Eric Yang Agency

國家圖書館出版品預行編目 (CIP) 資料

Smart 投資半導體：掌握半導體生態系一本通，材料、設計、設備股完美分析！／禹
皇帝著；陳家怡、林志英譯. -- 初版. -- 新北市：新樂園，遠足文化，2023.06
384 面；15 × 22.5 公分. -- (Top；021)
譯自：현명한 반도체：투자 소재·설계·장비주 완벽 분석！

ISBN 978-626-97052-3-8(平裝)

1. 產業投資 2. 科技

484.51　　　　　　　　　　　　　　　112008171

新樂園
Nutopia

• 新樂園粉絲專頁 •